中等职业教育一体化教学改革教材

机械识图与测量

主　编　裘晓林　宫运江

参　编　姜　莉　孙富贵　于　洁　袁　亿　曾兆丹　周振阳
　　　　吴丽媛　张　燕　田　华　李　丽　李丹阳

审　稿　梁东晓

机械工业出版社

本书是在总结中等职业教育教学改革经验的基础上，根据教育部、人力资源和社会保障部教学改革的精神编写的。主要内容包括：机械制图基本知识、机械制图基本技能、三视图、轴测图、机械图样的基本表示法、标准件的表示方法、常用件的表示方法、极限与配合、零件图、零件的测量和装配图等内容。

　　本书可供中等职业学校、技工学校机械类专业师生使用。

图书在版编目（CIP）数据

机械识图与测量/裘晓林，宫运江主编 . —北京：机械工业出版社，2013.3

中等职业教育一体化教学改革教材

ISBN 978-7-111-41690-6

Ⅰ.①机…　Ⅱ.①裘…②宫…　Ⅲ.①机械图—识别—中等专业学校—教材②机械元件—测量—中等专业学校—教材 Ⅳ.①TH126.1②TG801

中国版本图书馆 CIP 数据核字（2013）第 039646 号

机械工业出版社（北京市百万庄大街 22 号　邮政编码 100037）

策划编辑：荆宏智　王晓洁　责任编辑：王晓洁
版式设计：霍永明　　　　责任校对：丁丽丽
封面设计：路恩中　　　　责任印制：杨　曦

北京四季青印刷厂印刷

2013 年 5 月第 1 版第 1 次印刷

184mm×260mm · 15.25 印张 · 376 千字

0001—3000 册

标准书号：ISBN 978-7-111-41690-6

定价：29.80 元

序

近几年，国家大力发展职业教育，在借鉴和总结国内外职业教育课程开发理念和实践案例的基础上，积极推行职业教育课程改革，以改变传统的学科型课程模式和传授式教学方法，开发符合职业成长规律的新的课程体系，推动职业教育教学改革向纵深发展，以满足经济发展对技能型人才的需要。

根据教育部、人力资源和社会保障部教学改革的精神，各个职业学校的职业教育教学改革开展得如火如荼，相继出现了模块式、项目导向式、任务驱动式、基于工作过程等教学模式，但实质都是理论和实践相结合的一体化教学模式。

抓好一体化教学的课程体系改革，就能使职业学校培养的学生进入工作岗位后比较顺利地完成角色转换，快速适应岗位工作要求，从而从根本上提高职业学校的教学质量和人才培养质量。

为适应这一形势的需要，我们在了解相关企业专家、人力资源管理者对技能人才要求的基础上，吸纳部分学校教学改革的成果，组织有多年教学改革实践经验的职业学校的骨干教师，编写了这套《中等职业教育一体化教学改革教材》，供中等职业学校教学使用。

本套教材具有以下特色：

1. 突出了职业教育的"职业性"

课程体系的构建以《国家职业技能标准》为依据，以综合职业能力培养为目标，并围绕职业活动中每项工作任务的技能和知识点，突出实用性和针对性，力求使教材内容涵盖有关国家职业标准的知识和技能要求。

2. 课程设置适应"工学结合"模式

为适应"工学结合、校企合作"的新模式，我们在征求了相关企业意见的基础上，设置了《企业生产实习指导》、《现代企业班组管理基础》，在设计课题时考虑了其实用性，以实现能力培养与工作岗位对接合一、实习实训与顶岗工作学做合一。

3. 围绕课程内容构建教学单元模块

教材吸收和借鉴了各地教学改革的成功经验，围绕专业培养目标和课程内容，构建知识、技能紧密关联的教学单元模块，使教材内容更加符合学生的认知规律，以激发学生的学习兴趣。

4. 实现理论教学与技能教学一体化

模块中的每个课题都有明确的训练目的，并针对各自的目的整合相应的理论和技能内容，以实现理论教学与技能教学一体化。在每个课题后还设置了相应的思考题或能力训练，以检验学生对相关知识与技能的掌握情况。

5. 图文并茂，提高了教材的可读性

教材内容力求图文并茂，将各个知识点和技能要点以实物和图片的形式展示出来，从而提高了教材的可读性和亲和力。

实施一体化的教学课程体系改革是个长远而艰巨的任务，目前全国一体化教学改革尚处在起步阶段，本套教材的编写只是我们在这方面初步探索的成果总结，我们衷心希望这套教材的出版能在一体化教学改革中发挥积极作用，并得到各职业学校师生的喜爱，同时也希望通过学校师生的实践不断得到改进、完善和提高。在此诚恳希望从事职业教育的专家和广大读者不吝赐教，提出批评指正意见。

机械工业出版社

前　言

　　本书是"机械识图与测量"课程的教材。"机械识图与测量"课程是一门非常重要的、机械类学生必须掌握的专业基础课，为了适应新时期职业技术学校教学改革的要求，满足学生就业和企业生产特点的不同需要，在传统的"机械制图"和"公差配合与测量"课程的基础上，遵循"实用、适用、够用"的原则，并结合多年中等职业教育教学和教改实践经验，对两门课程的教学内容进行了合理调整，成为"机械识图与测量"课程。这样可以减少课程门类、压缩课时，使学生能有更多时间进行技能训练和企业生产实习。

　　本书所有内容均参考最新的机械制图标准编写，既有系统专业理论又有较强实践性，本书编写中主要注重学生的空间想象能力、读图的基本技能的培养。通过本书的学习，达到下列基本要求：

　　1. 掌握用正投影法表达空间形体的基本理论和方法。

　　2. 通过一系列的习题练习，培养较好的空间思维和想象能力，及较强的识图技能。

　　3. 掌握公差配合的基本知识。

　　4. 掌握常用量具的使用方法和技术测量的基本技能。

　　5. 了解国家的相关的机械制图标准。

　　6. 养成认真负责的工作态度和耐心细致、严谨的工作作风。

　　本书由裴晓林、宫运江主编，姜莉、孙富贵、于洁、袁亿、曾兆丹、周振阳、吴丽媛、张燕、田华、李丽、李丹阳参编。全书由梁东晓审稿。

　　由于编者水平有限，书中可能会存在不足和不当之处，欢迎提出改进意见，以便今后改进和完善。

编　者

目　　录

模块1　机械制图基本知识

课题1　机　械　图　样

任务　分析台虎钳机械图样

知识点：

1. 掌握机械图样的定义。

2. 了解机械图样的作用。

一、任务引入

分析台虎钳机械图样，如图1-1～图1-4所示。

二、任务分析

在机械工程技术中，为了准确地表达机械的形状、结构和大小，根据投影原理、标准或有关规定表示描述对象，并加以必要的技术说明的图，叫做机械图样。"机械图样"是生产实践中最常见的技术文件。工人可以根据机械图样的要求进行零件加工，以及零部件的装配等。

三、知识准备

1. 图样的分类

根据机械图样反映的内容和用途，可以分为零件图、装配图、立体图等。

2. 图样的作用

对于不同的使用者，机械图样有不同的作用。

（1）设计者　机械图样是表达设计者设计意图的重要手段。

（2）制造者　机械图样是组织生产、制造零件和装配机械的依据。

（3）使用者　通过图样了解产品的结构和性能。

（4）维修者　通过图样进行维修。

四、任务实施

分析台虎钳机械图样示例。

如图1-1所示为台虎钳的立体图，反映台虎钳是由多个零件组成的，本身是可以拆卸的。

如图1-2所示为台虎钳固定钳身的立体图，反映台虎钳的固定钳身是从台虎钳上拆卸下来的，本身是一个独立的零件，不能再拆卸。

如图1-3所示为台虎钳固定钳身的零件图，是反映固定钳身的图样，工人根据它来加工固定钳身。固定钳身的零件图上有图框，图框右下角的长方框是标题栏，其中注有零件名称、零件材料和加工数量等内容；在图框中有一组标有尺寸和符号的图形，这些图形不论有多少和多复杂都是从不同的方向来反映同一个零件的，这就是零件图的主要特点，也是区分和判别零件图的主要依据。

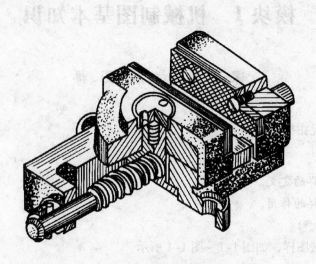

图 1-1　台虎钳立体图

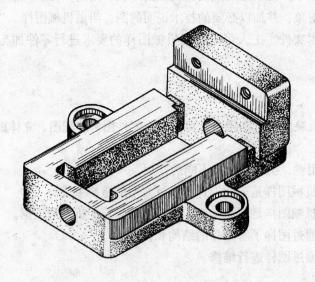

图 1-2　台虎钳固定钳身立体图

　　如图 1-4 所示为台虎钳的装配图，是反映台虎钳所有零件装配成一个整体的图样，工人根据它把加工好的台虎钳的各个零件装配成一体。装配图的标题栏中，注有机械或部件的名称，绘图比例、图纸张数等内容；标题栏的上方为装配图明细栏，其中标明所有零件的序号、名称、数量、材料等内容；在图框里有一组标有序号、尺寸和符号的图形，这些图形可反映台虎钳的总体结构形状和所有零件的装配关系。

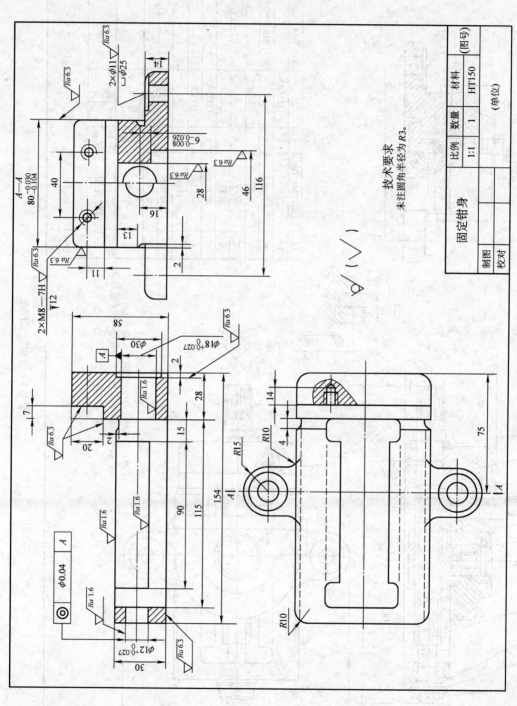

图1-3 台虎钳固定钳身零件图

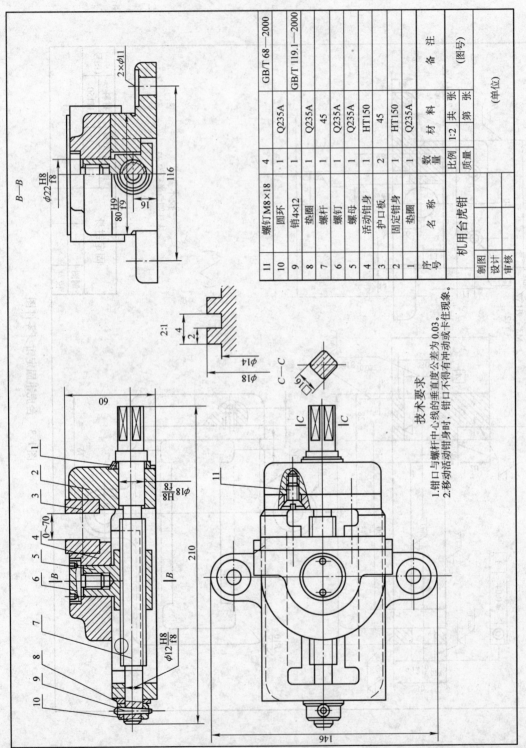

图 1-4 台虎钳装配图

技术要求

1. 钳口与螺杆中心线的垂直度公差为 0.03°。
2. 移动活动钳身时，钳口不得有冲动或卡住现象。

序号	名称	数量	材料	备注
11	螺钉 M8×18	4		GB/T 68—2000
10	圆环	1	Q235A	
9	销 4×12	1		GB/T 119.1—2000
8	垫圈	1	Q235A	
7	螺杆	1	45	
6	螺钉	1	Q235A	
5	螺母	1	Q235A	
4	活动钳身	1	HT150	
3	护口板	2	45	
2	固定钳身	1	HT150	
1	垫圈	1	Q235A	

机用台虎钳

课题2 机械制图国家标准

任务 掌握机械制图的国家标准

知识点：

熟悉《机械制图》的相关国家标准。

技能点：

掌握绘制机械图样的国家标准，能熟练绘制图样。

一、任务引入

图1-5为支架的三视图，在视图中进行尺寸标注，尺寸值从图中量取。

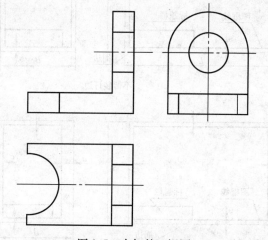

图1-5 支架的三视图

二、任务分析

图样是设计与制造机械的重要技术文件。为了便于生产、管理和技术交流，国家标准（GB）中的《技术制图》、《机械制图》对图样的各个方面，如图纸大小、图线、字体、图样画法、尺寸标注等都作了统一的规定，以使工程技术人员有章可循。这一节主要介绍图纸幅面及格式、比例、字体、图线和尺寸注法等标准。

三、知识准备

机械制图的国家标准

1. 图纸幅面及格式（GB/T 14689—2008）

（1）**图纸幅面** 图纸幅面是指绘制图样时所用的图纸幅面的大小。国家标准规定的基本幅面有五种，在绘图时应优先选用，见表1-1。

（2）**图框格式** 在图纸上必须用粗实线画出图框，其格式分为留装订边和不留装订边两种形式（图1-6），其周边的尺寸见表1-1。同一产品的图样只能采用其中一种格式。

（3）**标题栏**（GB 10609.1—2008） 每张图纸都必须画出标题栏。一般标题栏位于图纸右下角，此时标题栏中的文字方向为看图方向。标题栏由名称及代号区、更改区、签字区和其他区组成，也可按实际需要增加或减少，如图1-7所示。国标GB/T 10609.1—2008规定了标题栏格式及填写方法。

表 1-1　图纸基本幅面　　　　　　　　　　　　　　　　（单位：mm）

幅面代号		A0	A1	A2	A3	A4
$B \times L$		841×1189	594×841	420×594	297×420	210×297
边框	a	25				
	c	10			5	
	e	20		10		

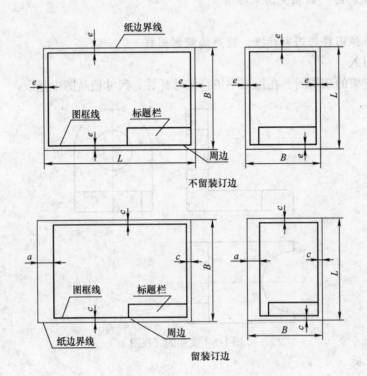

图 1-6　图框格式

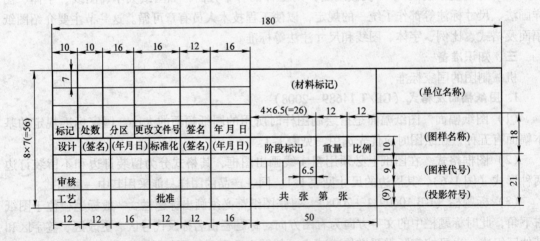

图 1-7　国标规定的标题栏格式

学习机械制图做作业或练习时可采用图 1-8 所示的简化格式。装配图样还需在标题栏上方画明细栏，在模块 11 中将对明细栏作详细介绍。

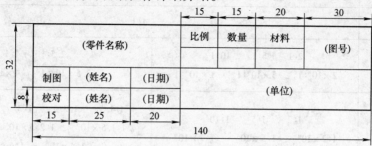

图 1-8　学习机械制图练习用标题栏格式

（4）附加符号（GB 14689—2008）　为复制图样和看图方便，图样上常需绘制一些附加符号表示出对中位置、看图方向等。其中方向符号用细实线画，其尺寸和在图样上的位置如图 1-9 所示。图样上其他附加符号的含义查国标 GB 14689—2008。

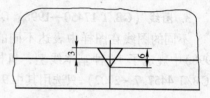

图 1-9　方向符号的尺寸和位置

2. 比例（GB/T 14690—1993）

比例是指图形与其实物相应要素线性尺寸之比。

一般情况下，比例标注在标题栏中的比例栏内，有特殊要求的图（如局部放大图），应注写在图形名称的上方。

为了在图样上直接获得实际机件大小的真实概念，应尽量采用 1:1 的比例绘图；如不宜采用 1:1 的比例时，可选择放大或缩小的比例，但注尺寸一定要注实际尺寸。如图 1-10 为采用不同比例绘制的同一平面图形。当需要按比例绘图时，应当在表 1-2 中的国家标准规定的系列中选取。

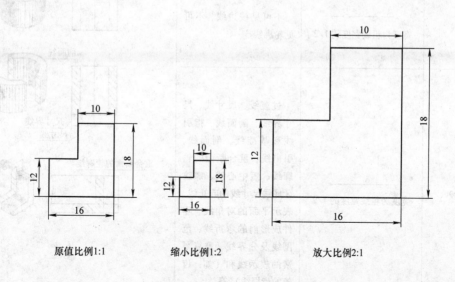

原值比例1:1　　　缩小比例1:2　　　放大比例2:1

图 1-10　不同比例绘制的同一图形

表1-2 绘图比例系列

种 类	第 一 系 列		第 二 系 列
原值比例	1:1		
放大比例	2:1 5:1 10:1 $2 \times 10^n:1$ $5 \times 10^n:1$ $1 \times 10^n:1$		2.5:1 4:1 $2.5 \times 10^n:1$ $4 \times 10^n:1$
缩小比例	1:2 1:5 1:10 $1:2 \times 10^n$ $1:5 \times 10^n$ $1:1 \times 10^n$		1:1.5 1:2.5 1:3 1:4 1:6 $1:1.5 \times 10^n$ $1:2.5 \times 10^n$ $1:3 \times 10^n$ $1:4 \times 10^n$ $1:6 \times 10^n$

注：n 为正整数

3. 图线（GB/T 17450—1998、GB/T 4457.4—2002）

不同的图线在图样中表达不同的含义。国家标准《技术制图图线》（GB/T 17450—1998）中规定了 15 种基本线型，机械图样中常用国家标准《机械制图 图样画法图线》（GB/T 4457.7—2002）只选用其中 9 种分线型，其中常用线型及其应用见表1-3。

表1-3 机械图样中常用线型及其应用

图线名称	型式、宽度	应 用	图 例
粗实线	—————— 宽度优先选用 0.7mm 或 0.5mm	可见棱边线、可见轮廓线、相贯线、螺纹牙顶线、螺纹长度终止线、齿顶圆（线）等	可见轮廓线 不可见轮廓线
细虚线	— — — — — 宽度为粗线宽度的 1/2	不可见棱边线、不可见轮廓线	剖面线 尺寸界线 尺寸线
细实线	—————— 宽度为粗线宽度的 1/2	过渡线、尺寸线、尺寸界线、剖面线、指引线和基准线、剖面线、引出线、重合断面的轮廓线、短中心线、螺纹牙底线尺寸线的起止线、表示平面的对角线、零件成形前的弯折线、范围线及分界线、重复要素的表示线和（如：齿轮的齿根线）等	重合断面的轮廓线

（续）

图线名称	型式、宽度	应　用	图　例
细点画线	宽度为粗线宽度的 1/2	轴线、对称中心线、分度圆（线）、孔系分布的中心线、剖切线	轴线　对称中心线　辅助线
细双点画线	宽度为粗线宽度的 1/2	相邻辅助零件的轮廓线、可动零件极限位置的轮廓线、重心线、成形前轮廓线、剖切前的结构轮廓线、轨迹线等	轨迹线　可动零件的极限位置的轮廓线　短中心线　相邻辅助零件的轮廓线
波浪线	宽度为粗线宽度的 1/2	断裂处边界线、视图与剖视图的分界线	断裂处的边界线　视图与剖视图的分界线

4. 字体（GB/T 14691—1993）

图样中除了用图形表示机件的形状外，还要用数字和文字说明机件的大小和技术要求。所以学习制图，还应学习书写符合标准的工程字体，国家标准对图样中采用的汉字、拉丁字母、希腊字母、阿拉伯数字、罗马数字都作了规定。

（1）基本要求　书写字体必须做到：字体工整、笔画清楚、间隔均匀、排列整齐。

（2）特殊要求

1）字的号数。字的号数即字体的高度（用 h 表示），其公称尺寸系列为：1.8mm、2.5mm、3.5mm、5mm、7mm、10mm、14mm、20mm。

2）字体的书写。汉字应写成长仿宋体，采用规定的简化字，且高度不应小于 3.5mm，其字宽一般为 $h/\sqrt{2}$；字母和数字可书写成斜体或直体均可。斜体字的字体头部向右倾斜，与水平基准线成 75°角。

3）用作指数、分数、极限偏差、注脚等的数字及字母，一般应采用小一号的字体。

4）字体的书写。

长仿宋体汉字示例：

横平竖直注意起落结构均匀填满

方格机械制图轴旋转技术要求键

字母和数字示例：

$$0\ 1\ 2\ 3\ 4\ 5\ 6\ 7\ 8\ 9$$

$$ABCDEFGHIJKL$$

$$\alpha\ \beta\ \gamma\ \delta\ \varepsilon\ \zeta\ \eta\ \theta\ \phi\ \psi\ \omega\ \lambda$$

其他字体应用示例：

$$10^3 \quad S^{-1} \quad D_1 \quad T_d \qquad \varnothing 20^{+0.010}_{-0.023} \qquad 7°^{+1°}_{-2°} \qquad \frac{3}{5}$$

5. 尺寸标注（GB/T 4458.4—2003）

工程图样中，除了有表达机件形状的图形外，还需标注尺寸以表示形体的大小，并为机件的加工、检验及装配提供依据。尺寸的标注不仅要符合国家标准的有关规定，标注时还要做到正确、完整、清晰、合理。

（1）尺寸标注的基本规则

1）图样中所注出的尺寸数字表示机件的真实大小，与选用的比例和绘图准确性无关。

2）图样中线性尺寸的单位均为"mm"，且省略不标；而角度尺寸则要标注出单位。

3）图中注出的尺寸，应是机件的最后完工尺寸，否则应加以说明。

4）机件的每一尺寸只标注一次，并应标注在反映该结构最清晰的图形上（反映实形的图形）。

5）标注尺寸时，尽可能采用规定的符号和缩写，见表1-4。

表1-4　常用名词的符号及缩写

名　词	符号或缩写	名　词	符号或缩写
直径	ϕ	45°倒角	C
半径	R	深度	↧
球直径	$S\phi$	沉孔	⊔
球半径	SR	埋头孔	∨
厚度	t	均布	EQS
正方形	□	斜度	∠
圆弧	⌒	锥度	◁

（2）尺寸标注的要素及要求　图样上的每个完整的尺寸都由尺寸界线、尺寸线、尺寸数字和终端形式这几部分组成，如图1-11所示。

1）尺寸界线。尺寸界线用来限定所标注的尺寸的范围，它由图形的轮廓线、轴线或对称中心线处引出（用细实线绘制）或用这些线代替。尺寸界线一般应与尺寸线垂直，当位置受到限制时（如尺寸界限与轮廓线过于接近）允许倾斜，如图1-12所示。

2）尺寸线。尺寸线表示所标注的尺寸的方向，用细实线单独绘制，不可用其他图线代替或画在其延长线上。相互平行的尺寸线，应小尺寸在内、大尺寸在外（间距约为 5 ~ 7mm）。同方向的尺寸线，应排列在一条直线上，如图1-13所示。

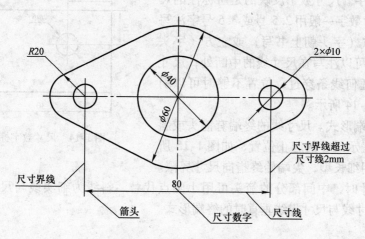

图 1-11　尺寸标注的要素

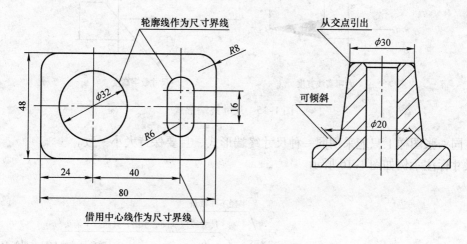

图 1-12　尺寸界线的应用

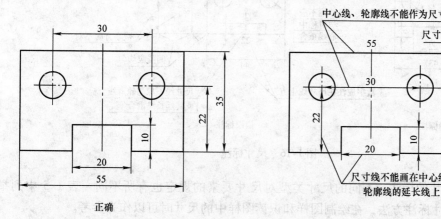

图 1-13　尺寸线的应用示例

3）尺寸数字。尺寸数字反映的是所标注的尺寸的大小。尺寸数字一般用 2.5 号或 3.5 号字注写在尺寸线的上方（字头朝上书写）或左方（字头朝左书写），也可以注写在尺寸线的中断处；尺寸数字不允许被任何线条穿过，位置不够时可以引出标注，如图 1-14 所示。

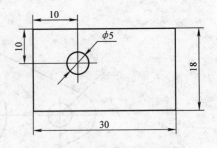

图 1-14 尺寸数字标注示例

4）尺寸终端形式。尺寸线的终端有箭头或斜线两种形式，表示尺寸的起止位置，如图 1-15 所示。箭头常采用细长型，尖端始终指向尺寸界限。标注连串小尺寸时，中间部分的箭头可用小圆点代替。斜线为细实线与尺寸线成顺时针 45°，适用于尺寸线与尺寸界线垂直时的终端形式。

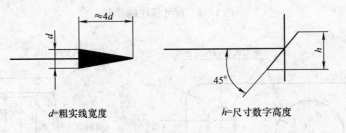

图 1-15 尺寸终端形式

在同一张图样上只能采用同一种尺寸终端形式，且要保持大小一致。

尺寸标注示例如图 1-16 所示。

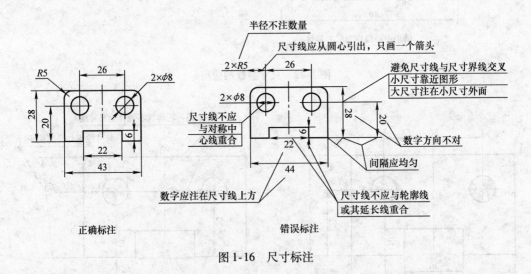

图 1-16 尺寸标注

（3）常用尺寸的标注 不同的尺寸类型对尺寸要素的规定也有所不同，表 1-5 中列举了几种常见的尺寸标注方法，在绘制图样和识读图样中的尺寸时可以作为参考。

四、任务实施

支架的尺寸标注如图 1-17 所示。

表 1-5　常用尺寸的标注方法

标注内容	实 际 图 例	说　　明
线性尺寸		线性尺寸的尺寸数字应注写在尺寸线的中上方（水平）或左方（字头向左）。 倾斜线性尺寸的尺寸数字沿尺寸线方向注写在尺寸线的上方，30°范围内不宜标注尺寸，应采用引出标注
圆与圆弧		以圆周为尺寸界线时，尺寸线应通过圆心或指向圆心（箭头指向圆周），并在尺寸数字前加注符号 φ、R。整圆标 φ，小于或等于半圆标 R。 大于一半的圆弧可标 φ，此时尺寸线应超出圆心。当圆弧太大，没有足够地方画出圆心时，可对准圆心的位置画一折线。 一般将回转体的直径尺寸标注在非圆视图上
球面		应在 φ 或 R 前面加注符号 S。 螺钉、铆钉的头部等，在不至于引起误解时可省略符号 S

（续）

标注内容	实际图例	说　明
角度与弧长		尺寸界线沿角度两边径向引出。 尺寸线为以顶点为圆心的圆弧。 尺寸数字一律水平书写，并标明单位符号。 较小角度或标注位置不够，可采用引出标注。 弧长的尺寸界线应平行于该弦的垂直平分线，当弧较大时，尺寸界线可沿径向引出，标注弧长时，应在尺寸数字上方加注符号"⌒"
小尺寸		标注小直径、小半径、小尺寸时，可将箭头和数字布置在外面引出标注。 标注连续小尺寸箭头画不下时，两端箭头可以画在尺寸界线外侧，中间部位的箭头可用实心圆点或斜线代替
斜度和锥度		斜度及锥度符号用粗实线绘制，角度为30°。 标注时，符号方向与实物的斜度及锥度方向应一致。锥度符号在横线处对称画出

（续）

标注内容		实际图例	说　　明
均布结构	沿直线均匀分布的结构	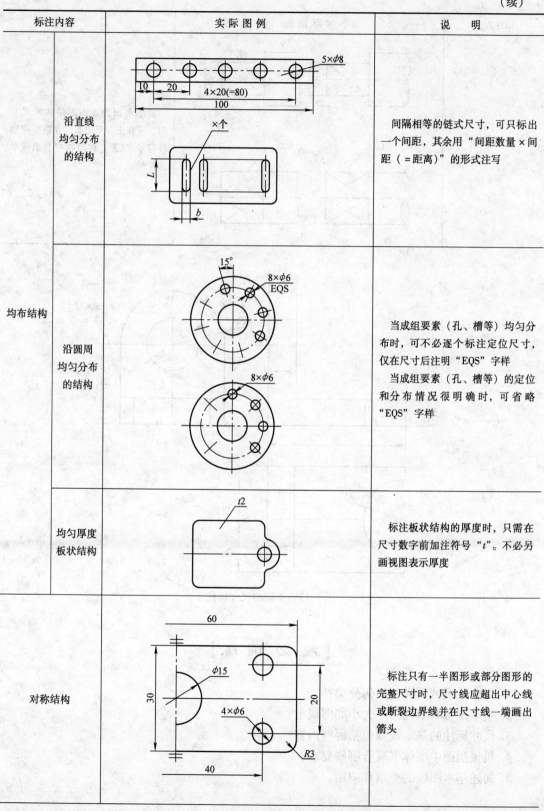	间隔相等的链式尺寸，可只标出一个间距，其余用"间距数量×间距（＝距离）"的形式注写
	沿圆周均匀分布的结构		当成组要素（孔、槽等）均匀分布时，可不必逐个标注定位尺寸，仅在尺寸后注明"EQS"字样 当成组要素（孔、槽等）的定位和分布情况很明确时，可省略"EQS"字样
	均匀厚度板状结构		标注板状结构的厚度时，只需在尺寸数字前加注符号"t"。不必另画视图表示厚度
	对称结构		标注只有一半图形或部分图形的完整尺寸时，尺寸线应超出中心线或断裂边界线并在尺寸线一端画出箭头

（续）

标注内容	实际图例	说　　明
方头结构	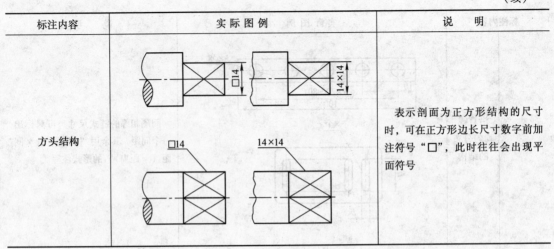	表示剖面为正方形结构的尺寸时，可在正方形边长尺寸数字前加注符号"□"，此时往往会出现平面符号

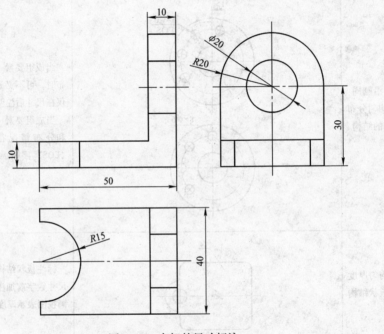

图1-17　支架的尺寸标注

【能 力 训 练】

1. 什么是机械图样？如何分类？
2. 基本图幅有哪几种？大小如何规定？
3. 尺寸标注的基本规则包括哪些内容？
4. 机械制图中字体书写有哪些要求？
5. 简述基本图线的类型和应用。

模块2 机械制图基本技能

课题1 常用绘图工具的用法

任务 绘制奖杯平面图

知识点：

掌握常用绘图工具的种类及用途。

技能点：

1. 能正确选用绘图工具。

2. 熟练掌握各种绘图工具的使用方法。

一、任务引入

绘制如图2-1所示的奖杯的平面图，要求符合制图国家标准的有关规定。

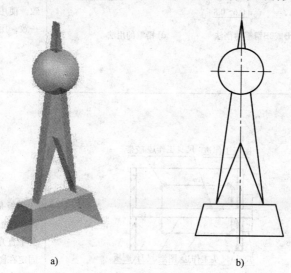

a)   b)

图2-1 奖杯

a）实物图 b）平面图

二、任务分析

观察图2-1b会发现，图中有不同的线型：有连续的，有不连续的；有不同的线宽：有粗的，有细的。这些线型代表什么含义？国家标准中是否有统一规定？图中有圆形，有直线，需要使用三角板、圆规和铅笔等绘图工具绘制图形。

为了又快又好地绘制出图形，必须了解国家标准中图线的有关规定，掌握常用绘图工具的使用方法。

三、知识准备

绘图工具及其使用见表2-1。

表2-1 常用绘图工具的用法

名　称	图　例	说　明
铅笔	 a) 铅芯的修磨　　b) H或HB铅笔的削法 c) B或2B铅笔的削法　　d) 铅笔的用法	在绘图铅笔上，印有 H、2H、…，B、2B、…或 HB 等数字和字母，它们是表示铅芯软硬的。"H"表示硬，数字越大，铅芯越硬；"B"表示软，数字越大，铅芯越软；"HB"表示软硬适中 　画底稿、细线一般用 H 或 2H 铅笔；加深图线和画粗线用 B 或 2B；写字和注尺寸用 HB 铅笔。描深图线时，画圆的铅芯应比画直线的铅芯软一号，才可保证图线浓淡一致。使用铅笔画线时，运笔方向应一致，用力要均匀
图板和丁字尺	 a) 图板、丁字尺及图纸的固定 b) 画水平线	图板是用来固定图纸进行绘图的。图板板面要平整光洁，工作边要平直光滑。绘图时用胶带把图纸固定在图板左下方的适当位置 　丁字尺由尺头和尺身两部分构成，尺身的工作边一侧有刻度。丁字尺主要用来画平行线。使用时，尺头内侧必须紧靠图板的工作边，用左手推动丁字尺上、下移动

（续）

名　称	图　例	说　明
三角板	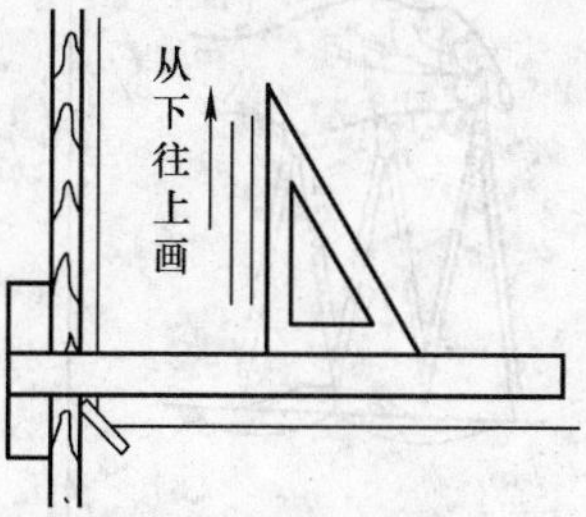 从下往上画 a) 三角板与丁字尺配合画铅垂线(竖线)的方法 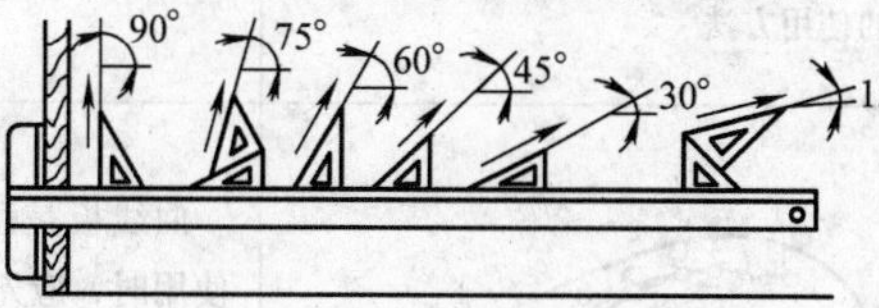 90° 　75° 　60° 　45° 　30° 　15° b) 三角板与丁字尺配合画斜线 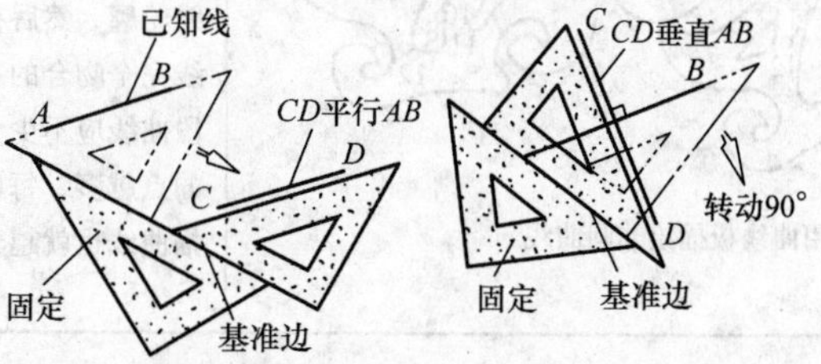 已知线　B　　　　C CD垂直AB A　　CD平行AB　B C　　D　转动90° 固定　基准边　D 固定　基准边 c) 两块三角板配合画已知直线的平行线或垂直线	一副三角板由一块 45° 等腰直角三角形和一块 30°、60° 的直角三角形的直角三角板组成 利用三角板的直角边与丁字尺配合，可画出水平线的垂直线。还可画出与水平线成 75°、60°、45°、30° 和 15° 的倾斜线。利用一副三角板可画出任意直线的平行线和垂直线
比例尺	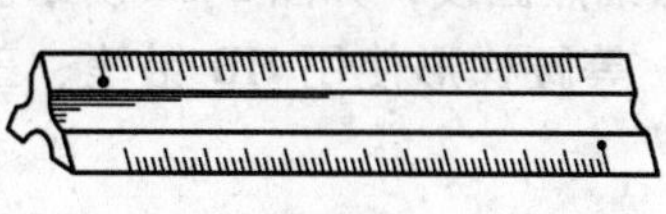 比例尺	比例尺又叫三棱尺，是刻有不同比例的直尺，用来量取不同比例的尺寸。它的三个棱面上刻有六种不同比例的刻度，可按所需的比例量取尺寸画图
圆规	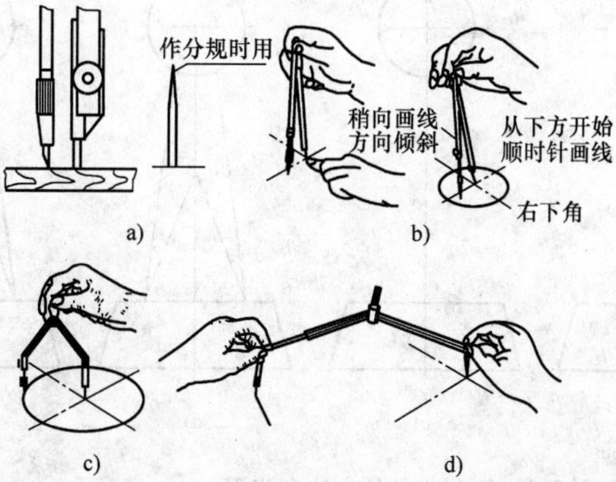 作分规时用 稍向画线方向倾斜　从下方开始顺时针画线 右下角 a)　　　b) c)　　　d)	圆规主要用来画圆和圆弧。画圆时，圆规的钢针应使用带有台阶的一端，并应调整好铅芯尖与钢针肩台平齐，如图 a 所示。铅芯的粗细要符合所画图线的要求 画圆时，圆规的钢针应对准圆心，扎入图板，按顺时针方向画圆，并向前方稍微倾斜，如图 b 所示；画较大圆时，应保持圆规的两腿与纸面垂直，如图 c 所示；画大圆时应接上延长杆，如图 d 所示

（续）

名　称	图　例	说　明
分规	a) 分规　b) 调整分规量尺寸　c) 用分规等分线段 分规的使用方法	分规用于截取尺寸和等分线段。当分规两腿并拢时，两针尖应对齐
曲线板	用曲线板描绘非圆曲线	曲线板是用来描绘非圆曲线的。使用时，应先将需要连接成曲线的各已知点徒手用细线轻描出一条曲线轮廓，然后在曲线板上找出与曲线完全吻合的一段描绘，每描绘一段曲线应不少于 4 个吻合点，吻合的点越多，每段就可描得越长，所描曲线也就越光滑

四、任务实施

绘制如图 2-1b 所示奖杯的平面图，尺寸可在图上量取。绘图步骤如下。

1）使用 HB 铅笔，用三角板作两条细点画线，如图 2-2a 所示。

2）用分规量取底座各线段的长度，等腰梯形使用 HB 铅笔、三角板用细实线画出，如图 2-2b 所示。

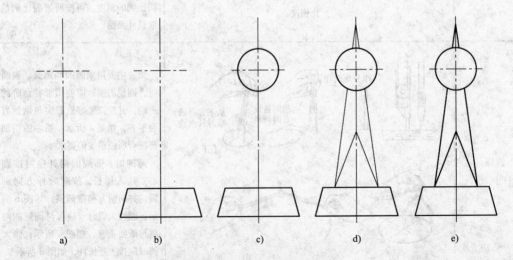

a)　　　b)　　　c)　　　d)　　　e)

图 2-2　绘制奖杯的方法和步骤

3）用圆规量取圆的半径，并使用 B 铅笔用细实线画出该圆，如图 2-2c 所示。

4）用分规量取其余各线段的长度、确定其位置，并使用 HB 铅笔、三角板用细实线画出图形，如图 2-2d 所示。

5）使用 B 铅笔、用三角板将各直线段描深为粗实线，并用圆规、用2B 铅笔将圆描深为粗实线，完成图形，如图 2-2e 所示。

课题 2　绘制常见平面图形

任务1　绘制五角星平面图

知识点：

1. 掌握机械制图的国家标准。

2. 掌握平面图绘制的分析方法。

技能点：

1. 掌握等分已知线段、二等分已知角、等分圆周的方法。

2. 掌握绘制正多边形的方法。

一、任务引入

绘制如图 2-3 所示的五角星的平面图，要求符合制图国家标准的有关规定。

图2-3　五角星平面图

二、任务分析

观察图 2-3 会发现，五角星五个顶点到中心的距离均相等，因此在五角星外可以画一个外接圆。这五个顶点之间的距离均相等，正好把圆五等分。如何五等分分割一个圆？在机械作图中，经常会用到等分作图的方法来解决这个问题。

三、知识准备

常用的等分作图方法见表 2-2。

四、任务实施

绘制五角星平面图步骤如下。

1）先画圆的中心线，并用圆规直接量取五角星中点到顶点的距离，并以此为半径画圆，如图 2-4a 所示。

表 2-2　机械制图中常用的等分作图方法

名称	已知条件和作图要求	作图步骤		
等分已知线段	已知线段 AB，对它进行三等分或 n 等分	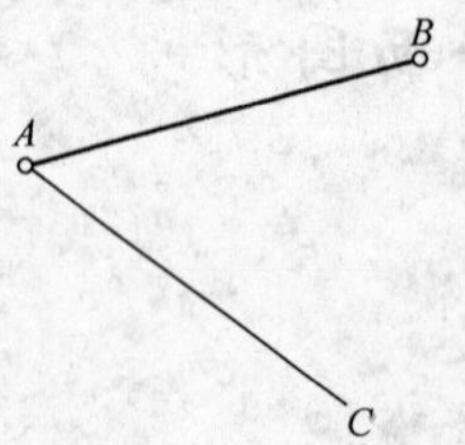 1）过端点 A，作任意直线 AC	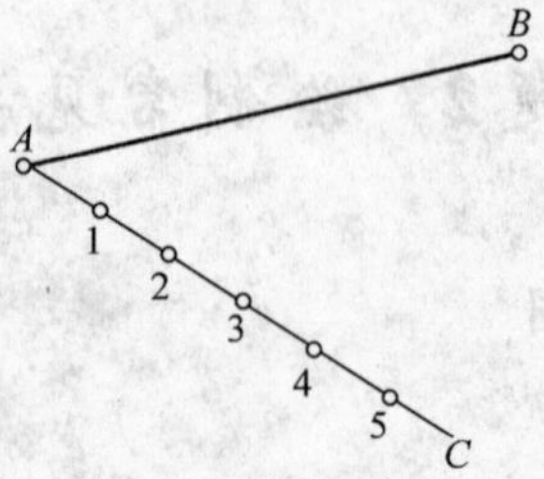 2）用分规以相等的距离在 AC 上截得 1、2、3、4、5 各个等分点	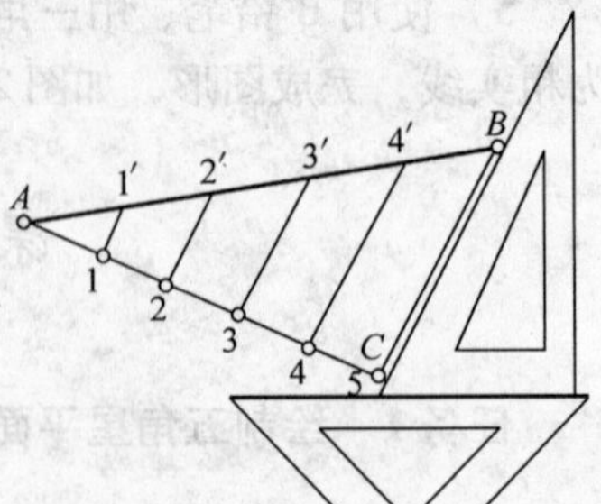 3）连接 $5B$，过 1、2、3、4、等分点作 $5B$ 的平行线与 AB 相较，即得等分点 $1'$、$2'$、$3'$、$4'$ 4）同理，可作出已知定长线段的 n 等分
二等分已知角度	已知角 AOB，二等分已知角度	a)	b)	c)
		1）如图 a 所示，以 O 为圆心，任意长为半径作弧，交 OB 于 C，交 OA 于 D 2）如图 b 所示，分别以点 C、D 为圆心，以相同半径 R 作弧，两弧交于点 E 3）连接 OE，即为分角线		
等分圆周及作正多边形	已知圆的半径为 R，等分圆周及作正多边形	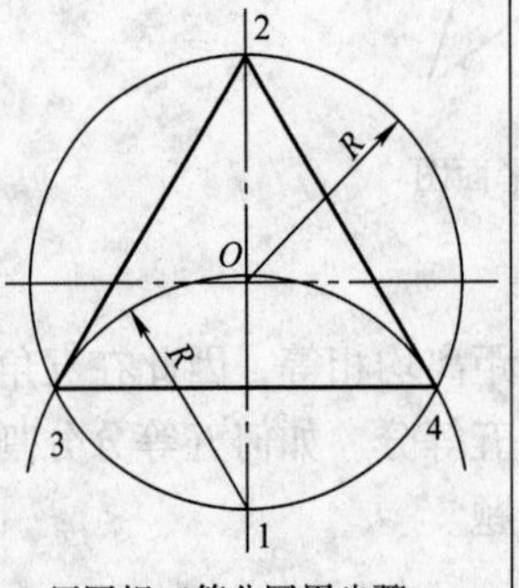 用圆规三等分圆周步骤： 1. 以 1 点为圆心，$O1$ 为半径画弧交圆周于 3、4 点 2. 连接 2、3、4 并加深即为圆的内接正三角形	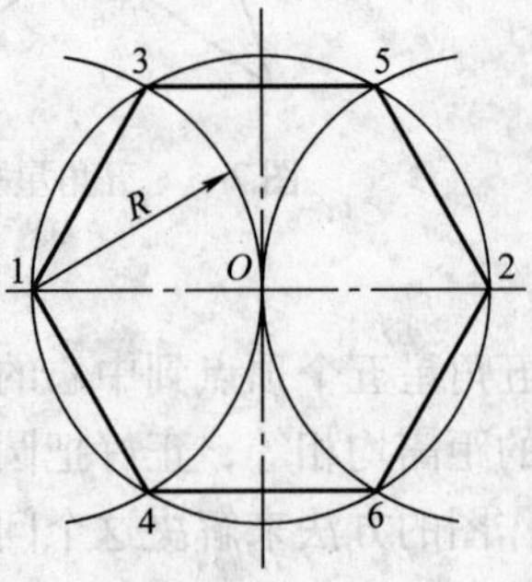 用圆规六等分圆周步骤： 1. 分别以 1、2 点为圆心，R 为半径画弧交圆周于 3、4、5、6 点 2. 连接 1、2、3、4、5、6 并加深即为圆的内接正六角形	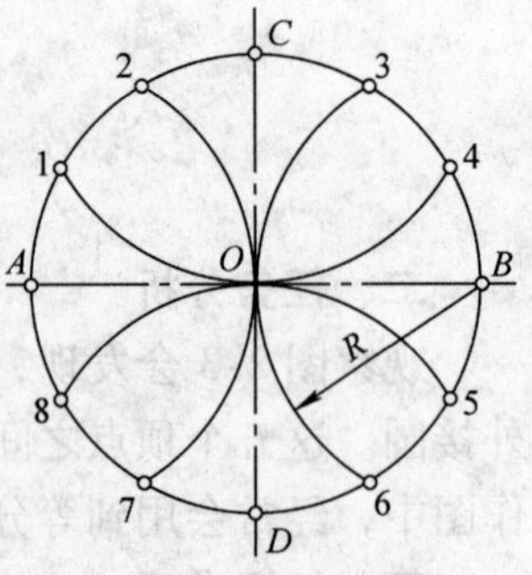 用圆规十二等分圆周步骤： 1. 分别以 A、B、C、D 为圆心，R 为半径画弧交圆周于 1、2、3、4、5、6、7、8 点将圆周十二等分 2. 依次连接

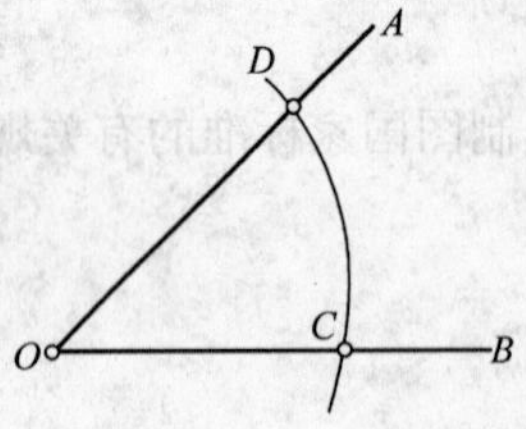

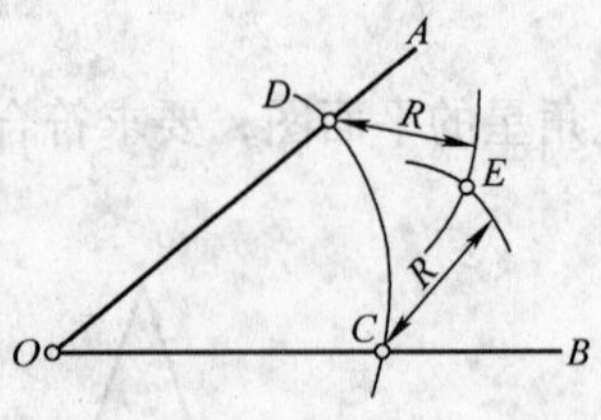

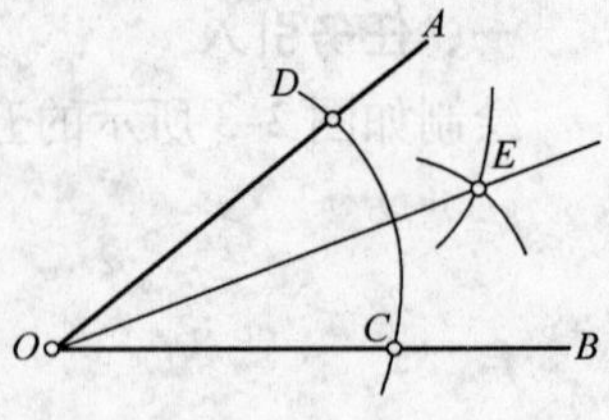

（续）

名称	已知条件和作图要求	作图步骤
等分圆周及作正多边形	已知圆的半径为 R，等分圆周及作正多边形	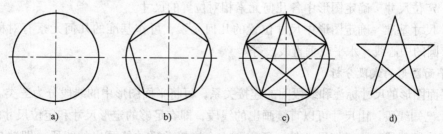 用丁字尺和三角板三、六、十二等分圆周 a) b) c) 1. 作 OB 的中点 M 2. 以 M 为圆心，MC 长为半径画弧交直径于 N 点 3. CN 弦长即为五边形的边长，等分圆周得五等分点 连接圆周得各等分点，即成正五边形

2）用分规量取五角星两相邻顶点的距离，等分圆周并画出相应的内接正五边形，如图 2-4b 所示。

3）连接正五边形各顶点，画出五角星的平面图底稿，如图 2-4c 所示。

4）擦去其他线条，并描深全图，如图 2-4d 所示。

a)   b)   c)   d)

图 2-4 画五角星平面图的方法和步骤

任务2　绘制手柄平面图

知识点：

1. 掌握《机械制图》的国家标准。

2. 了解圆弧连接、基准、定形尺寸、定位尺寸、已知线段、中间线段、连接线段的概念。

技能点：

1. 能作两已知圆弧间的圆弧连接、绘制带圆弧连接的较复杂的平面图形。

2. 掌握三角板、圆规和铅笔等常用绘图工具的使用方法。

3. 正确绘制简单平面图形。

一、任务引入

绘制如图2-5所示手柄的平面图，要求符合制图国家标准的有关规定。

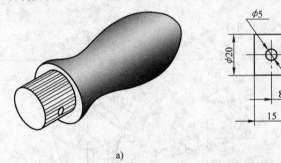

图2-5　手柄

a）立体图　b）平面图

二、任务分析

如图2-5b所示的平面图形是由直线和圆弧连接组成的。尺寸标注和线段间的连接确定了平面图形的形状和位置，因此要对平面图形的尺寸、线段进行分析，以确定画图顺序和正确标注尺寸。

三、知识准备

1. 平面图形的尺寸分析

尺寸是作图的依据，按其作用可分为定形尺寸和定位尺寸。

（1）定形尺寸　确定图形中各几何元素形状大小的尺寸。

（2）定位尺寸　确定图形中各几何元素相对位置的尺寸。

（3）尺寸基准　确定图形中尺寸位置的几何元素，可作基准的几何元素有对称图形的中心线、圆的中心线，水平或垂直线段等。

2. 平面图形的线段分析

由平面图形的尺寸标注和线段间的连接关系，可将平面图形中的线段分为三类。

（1）已知线段　由尺寸可以直接画出的线段，即有足够的定形尺寸和定位尺寸的线段。

（2）中间线段　除已知尺寸外，还需要一个连接关系才能画出的线段，即缺少一个定位尺寸的线段。

（3）连接线段　需要两个连接关系才能画出的线段，即只有定形尺寸没有定位尺寸的线段。

绘图顺序是先画已知线段，再画中间线段，最后画连接线段。

3. 圆弧连接

用一已知半径的圆弧将两直线、两圆弧或一直线和一圆弧光滑连接起来称为圆弧连接。

作图要点：找出连接圆弧的圆心和两个连接点。

常见的圆弧连接的类型及作图方法如下。

（1）直线与圆弧连接

1）用圆弧连接两直线（见表2-3）

表 2-3　用圆弧连接直线的作图方法及步骤

类别	用圆弧连接钝角或锐角的两边		用圆弧连接直角的两边
图例			
作图步骤	1. 作与已知角两边分别相距为 R 的平行线，交点 O 即为连接弧的圆心 2. 自 O 点分别向已知角两边作垂线，垂足 M、N 即为切点 3. 以 O 为圆心，R 为半径在两切点 M、N 之间画连接圆弧即为所求		1. 以角顶为圆心，R 为半径画弧，交直角边于 M、N 2. 以 M、N 为圆心，R 为半径画弧，相交得连接弧圆心 O 3. 以 O 为圆心，R 为半径在 M、N 间画连接圆弧即为所求

2）用圆弧连接直线与圆弧（见表2-4）

表 2-4　直线与圆弧连接的作图方法及步骤

已知条件	作图步骤		
用半径为 R 的圆弧与直线 I 和圆 O_1 相外切	1. 作直线 II 平行于直线 I（其间距离为 R），以 O_1 为圆心，$(R_1 + R)$ 为半径画弧与直线 II 相交于 O	2. 作 OA 垂直于直线 I，连接 OO_1 交⊙O_1 于 B，A、B 即为切点	3. 以 O 为圆心，R 为半径画弧，连接直线 I 和圆弧 O_1 于 A、B，即为所求

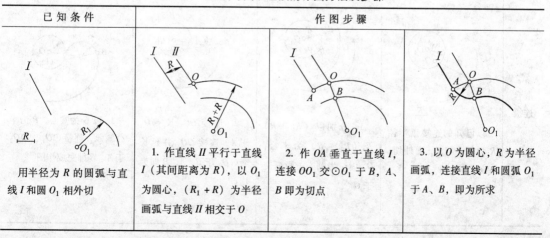

（2）两圆弧间的圆弧连接（见表2-5）

表2-5 常见圆弧连接的作图方法及步骤

类别	已知条件	作图步骤		
外连接	以已知的连接弧半径 R 画弧，与两圆外切	1. 分别以 $(R+R_1)$ 及 $(R+R_2)$ 为半径，O_1、O_2 为圆心，画弧交于 O	2. 连接 OO_1 交 $\odot O_1$ 于 A，交 $\odot O_2$ 于 B，A、B 即为切点	3. 以 O 为圆心，R 为半径画弧，连接 $\odot O_1$、$\odot O_2$ 于 A、B 即完成作图
内连接	以已知的连接弧半径 R 画弧，与两圆内切	1. 分别以 $(R-R_1)$ 及 $(R-R_2)$ 为半径，O_1、O_2 为圆心，画弧交于 O	2. 连接 OO_1、OO_2 并延长分别交 $\odot O_1$ $\odot O_2$ 于 A、B 两点，A、B 即为切点	3. 以 O 为圆心，R 为半径画弧，连接 $\odot O_1$、$\odot O_2$ 于 A、B 即完成作图
混合连接	以已知的连接弧半径 R 画弧，与 O_1 圆外切，与 O_2 圆内切	1. 分别以 (R_1+R) 及 (R_2-R) 为半径，O_1、O_2 为圆心，画弧交于 O	2. 连接 OO_1 交 $\odot O_1$ 于 A，连接 OO_2 并延长交 $\odot O_2$ 于 B，A、B 即为切点	3. 以 O 为圆心，R 为半径画弧，连接 $\odot O_1$、$\odot O_2$ 于 A、B 即完成作图

四、任务实施

绘制手柄图形的方法和步骤，见表 2-6。

表 2-6　绘制手柄平面图的方法和步骤

阶段	步骤	图　例	说　明
识读和分析图样	尺寸分析		图中的 15、ϕ30、ϕ20、R10、R12、R15、R50 等为定形尺寸 图中的尺寸 8 确定了 ϕ5 的圆心位置；75 间接地确定了 R10 的圆心位置
	线段分析		图中的 R15 和 R10 的弧线为已知线段 图中的 R50 的弧线为中间线段 图中 R12 的弧线为连接线段
绘制平面图	尺寸基准线		作出尺寸基准线 A、B，以及距离线 A 为 8mm、15mm、75mm 的三条垂直于线 B 的直线
	已知圆弧		画出 ϕ20 圆柱的轮廓线，根据 R10 定圆心 O，分别画出 ϕ5、R15、R10 的已知圆和圆弧
	辅助线		画出 ϕ30 的辅助线 I 和 II，作距 I、II 为 50 的平行线 III 和 IV。以 O 为圆心，40（50 - 10）为半径作弧交 III、IV 于 O_1 和 O_2，两点

（续）

阶段	步骤	图 例	说 明
绘制 平面图	作中间弧		连接 OO_1，OO_2 交已知弧于 T_1、T_2 两点，分别以 O_1、O_2 为圆心，50 为半径作中间弧
	过渡 圆弧中心		分别以 O_1、O_2 点为圆心，62（50 + 12）为半径作弧，再以 O_5 点为圆心，27（15 + 12）为半径作弧，与前面的两圆弧分别交于 O_3 和 O_4 点
	作过渡 圆弧		连接 O_1O_3、O_2O_4，与半径为 50 的圆弧分别交于 T_3、T_4 点；连 O_5O_3、O_5O_4，与半径为 12 的圆弧分别交于 T_5、T_6 点，以 O_3、O_4 点为圆心，12 为半径作连接弧 T_3T_5 和 T_4T_6
	检查并加 粗图形		检查底稿，擦去作图线，标注尺寸，加粗图线，完成手柄图形

五、椭圆的画法（知识拓展）

椭圆的画法见表2-7。

表2-7 四心圆法绘制椭圆的步骤

图例		
作图步骤	1. 画椭圆的长轴 AB 和短轴 CD 交于 O 点，以 O 为圆心，$1/2$ AB 为半径画圆弧，交 CD 于 E 点；以 C 为圆心，CE 为半径画圆弧，交 AC 于 F 点	2. 作 AF 的垂直平分线交 AB、CD 于 O_1、O_2 点，再分别作 O_1、O_2 点的对称点 O_3、O_4 点。这四点即为四段圆弧的圆心	3. 分别以 O_1、O_3 和 O_2、O_4 为圆心，以 O_2D、O_1C 为半径画圆，得到四段圆弧，即为所求。加深，完成作图

任务3 绘制检测量具平面图

知识点：

1. 掌握斜度、锥度的概念。
2. 掌握斜度、锥度的标注方法。

技能点：

能绘制带有斜度和锥度的零件图形并标注相应尺寸。

一、任务引入

绘制如图2-6所示检测量具的平面图，要求符合制图国家标准的有关规定。

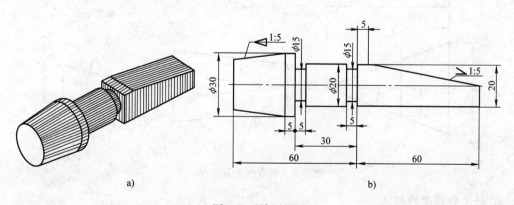

图2-6 检测量具

a）立体图 b）平面图

二、任务分析

图 2-6 所示检测量具是检测定值斜度和锥度的专用量具，其左端是锥度为 1：5 的圆锥体，右上方切有一个斜度为 1：5 的倾斜平面。通过绘制该量具的平面图并加以标注掌握国家标准对斜度和锥度的标注规定和作图。

三、知识准备

1. 斜度

斜度是指一直线或平面对另一直线或平面的倾斜程度。其大小用两直线或平面间的夹角的正切来表示。常以直角三角形两直角边的比值表示，并将比例前项化为 1，而写成 1：n 的形式，如图 2-7 所示为斜度 1：5 的画法及标注。

斜度在图样上用符号 "∠" 表示，符号高度为字高，线宽为 1/10 字高，由夹角为 30° 的斜线与水平线组成，斜线方向与斜度的方向一致。

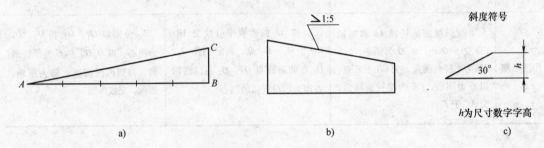

图 2-7　斜度画法及标注
a) 斜度画法　b) 标注　c) 符号

2. 锥度

锥度是指正圆锥底圆直径与其高度或圆锥台两底圆直径之差与其高度之比。在图样中以 1：n 的形式标注。如图 2-8 所示为锥度 1：5 的画法及标注。在画锥度时，一般先将锥度转化为斜度，如锥度为 1：5，则斜度为 1：10。

锥度在图样上用符号 "◁" 表示。符号的顶角为 30° 的等腰三角形，底边为字高，标注时锥度符号的倾斜方向应与锥度方向一致。

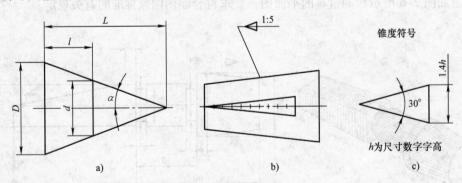

图 2-8　锥度画法及标注

3. 斜度和锥度的标注

斜度和锥度的标注方法，见表 2-8。

表 2-8　斜度和锥度的标注示例

标注类型	示　　例		
斜度	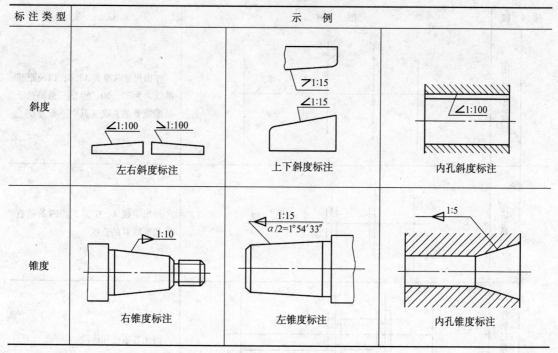 左右斜度标注	上下斜度标注	内孔斜度标注
锥度	右锥度标注	左锥度标注	内孔锥度标注

四、任务实施

绘制检测量具平面图形的方法和步骤，见表 2-9。

表 2-9　绘制检测量具平面图形的方法和步骤

步　骤			图　　例	说　　明
识读和分析图样	尺寸分析	定形尺寸	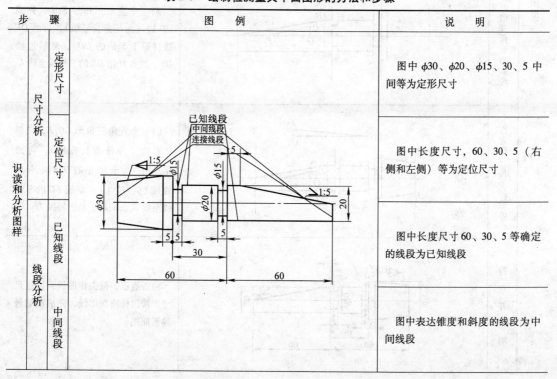	图中 $\phi30$、$\phi20$、$\phi15$、30、5 中间等为定形尺寸
		定位尺寸		图中长度尺寸，60、30、5（右侧和左侧）等为定位尺寸
	线段分析	已知线段		图中长度尺寸 60、30、5 等确定的线段为已知线段
		中间线段		图中表达锥度和斜度的线段为中间线段

（续）

步　骤	图　例	说　明
绘制平面图形	作出尺寸基准线	作出尺寸基准线 A、B，以及距基准线 A 为 30、60、60 的三条垂直于基准线 B 的直线（其中一条为 C）
	作垂直线	画出距线 A、C 为 5 的四条垂直于基准线 B 的直线
	作各已知线段	画出各条已知线段
	作近似三角形画斜线	画一个直角三角形 EOD，先画 OD 边（为任意长短线），再画 OE 边（等于 5 倍的 OD），最后连接 DE。过点 H 作 DE 的平行线至线 L
	作近似三角形画锥体	画一个直角三角形 GO_1F，先画 O_1F 边（为任意长短线），再画 O_1G 边（等于 10 倍的 O_1F），最后连接 FG。过点 I 作斜线 FG 的平行线至线 L_1。同理，画出斜线 JJ_1
	检查并完稿	检查底稿，擦去作图线，标注尺寸，按国标描深图线，完成检测量具平面图

课题 3　徒手画图的方法

任务　徒手绘制平面图形

知识点：

了解徒手绘图的基本方法。

技能点：

能徒手绘制平面图形。

一、任务引入

徒手绘制如图 2-9 所示的平面图形

二、任务分析

徒手图就是不用仪器而徒手画的图。徒手图也叫草图，但没有潦草的含义。在零、部件测绘或设计构思阶段常要画出草图，经确认后再画成仪器图。用计算机绘图也先画出徒手图后再上机绘画。所以，徒手图不但是传统制图的需要，在计算机绘图的今天更显得重要。徒手画图一般在方格纸上进行，因为格子能方便控制图样的大小和比例，控制线条的方向。

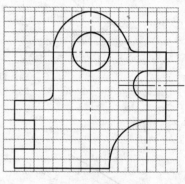

图 2-9　平面图形

三、知识准备

绘制草图的铅笔比用仪器绘图的铅笔软一号，削成圆锥形，画粗实线要粗一些，画细线时笔尖要细些。

1. 握笔的方法

手握笔的位置要比用仪器绘图时高一些，以利于运笔和观察目标。笔杆与纸面成 45°~60°角，执笔稳而有力。

2. 直线的徒手方法

画直线时，小手指微触纸面，眼睛要注视终点方向，匀速运笔。画水平线时，应自左向右运笔；画垂线时，应自上向下运笔。当直线很长时，可用目测在直线中间定出几个点，分几段画出。为了便于运笔，可将图纸略为倾斜一些；画斜线时的运笔方向如图 2-10 所示。练习时可利用方格纸沿纵横运笔。

3. 常用角度的徒手画法

画 30°、45°、60°等常用角度，可根据两直角边的比例关系，在两直角边上目测定出几点，然后连线而成。若画 10°、15°等角度，可先画出 30°的角，然后再二等分、三等分得到，如图 2-11 所示。

4. 圆的徒手画法

画圆时，先确定圆心位置，并过圆心画出两条中心线；画小圆时，可在中心线上按半径目测定出四点，然后徒手连点成圆，如图 2-12 所示。当圆的直径较大时，可以通过圆心多画几条不同方向的直线，按半径目测出一些直径端点，再徒手连点成圆，如图 2-12 所示。

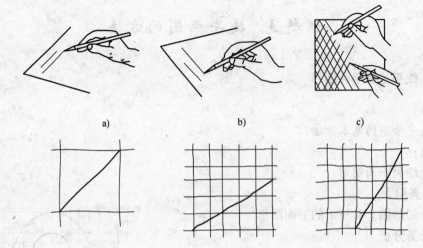

图 2-10 徒手画直线

a) 画水平线 b) 画垂直线 c) 画网斜线

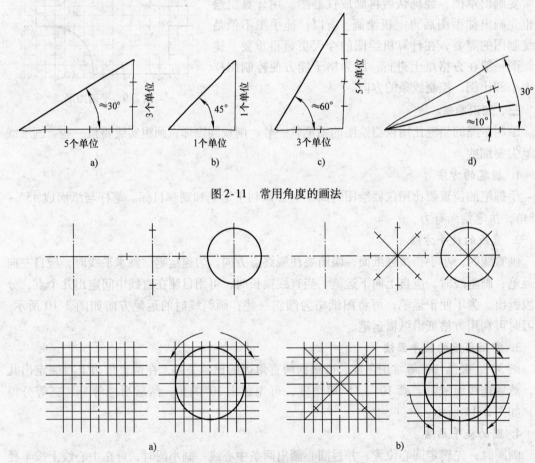

图 2-11 常用角度的画法

图 2-12 徒手画圆的方法

a) 定4点，分两段画弧 b) 定8点，分4段画弧

5. 椭圆的徒手画法

画椭圆时，先目测定出其长、短轴上的四个端点，画出椭圆的外切矩形，然后将矩形的对角线六等分，过长短轴端点及对角线靠外的等分点徒手画出椭圆，如图 2-13 所示。

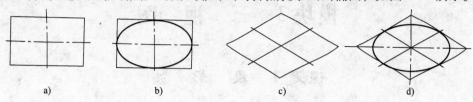

a)　　　　　　　b)　　　　　　　c)　　　　　　　d)

图 2-13　徒手画椭圆的方法

6. 徒手画直平面图形方法

在画徒手图时应尽量利用方格纸上的线条和方格子的对角点。图形的大小比例，特别是各部分几何元素的大小和位置，应做到大致符合比例，应有意识地培养目测的能力。作图步骤如下。

1）利用方格纸的线条和角点圆出作图基准线、圆中心线及已知线段。

2）圆出连接线。

3）标注尺寸。

四、任务实施

按平面作图步骤徒手绘制图 2-9 所示的平面图，如图 2-14 所示。

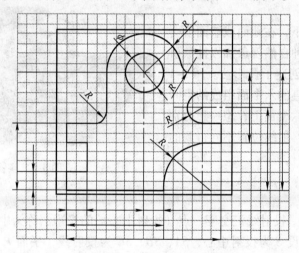

图 2-14　徒手绘制平面图

【能力训练】

1. 熟练地使用制图工具

2. 掌握基本作图方法：

1）直线、圆弧的等分方法。

2）作正五、六边形的方法。

3）作锥度和斜度的方法。

4）圆弧连接的方法。

模块3 三 视 图

课题1 投 影 法

任务   用投影法绘制图样

知识点：

1. 掌握投影法概念。

2. 学会投影法的分类。

技能点：

会用正投影法。

一、任务引入

绘制如图 3-1 所示实物的图样。要求表达准确、全面完整、图线规范。

二、任务分析

物体在光线照射下，在地面或墙面上会产生影子，人们对这种自然现象加以抽象研究，总结其中规律，创造了投影法。图 3-1 的组合体放在相互垂直的六个面组成的空间里，将其影子投射到六个面上，想一想分别能得到什么样的图样？射线位置不同得到的投影是否一样？

图 3-1   实物图

三、知识准备

1. 投影法分类

（1）中心投影法   投射线汇交于一点（投射中心）的投影法称为中心投影法。

如图 3-2 所示，设 S 为投射中心，SA、SB、SC 为投射线，平面 P 为投影面。延长 SA、SB、SC 与投影面 P 相交，交点 a、b、c 即为三角形顶点 A、B、C 在 P 面上的投影。日常生活中的照相、放映电影都是中心投影的实例。透视图就是用中心投影原理绘制的，与人的视觉习惯相符，能体现近大远小的效果、形象逼真，具有强烈的立体感，广泛用于绘制建筑、机械产品等的效果图。但分析图 3-2 可知，如改变物体和光源的距离，则物体投影的大小将发生变化。由于中心投影法不能反映物体的真实形状和大小，因此在机械图样中较少使用。

（2）平行投影法   投射线互相平行的投影方法称为平行投影法。

按投射线与投影面倾斜或垂直，平行投影法又分为斜投影法和正投影法两种。

1）斜投影法：投射线与投影面倾斜的平行投影法，如图 3-3 所示。

2）正投影法：投射线与投影面相垂直的平行投影法，如图 3-4 所示。根据正投影法所得到的图形，称为正投影或正投影图，可简称为投影。正投影的特点是：物体位置改变，投

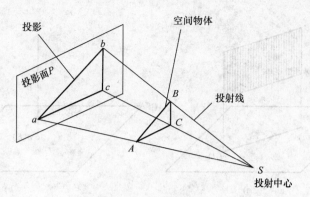

图 3-2　中心投影法

影的大小不会改变。因此，绘制机械图样主要采用正投影法。下文中的投影均指正投影。

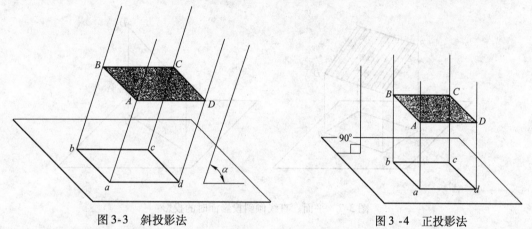

图 3-3　斜投影法　　　　　　　　　　　　图 3-4　正投影法

2. 正投影的基本性质

（1）实形性　平面图形（或直线）与投影面平行时，其投影反映实形（或实长）的性质，称为实形性，如图 3-5 所示。

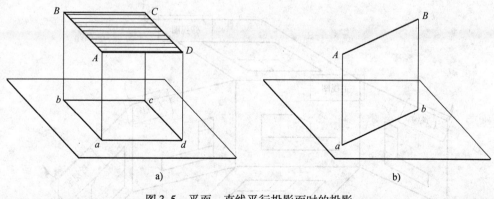

图 3-5　平面、直线平行投影面时的投影

（2）积聚性　平面图形（或直线）与投影面垂直时，其投影积聚为一条直线（或一个点）的性质，称为积聚性，如图 3-6 所示。

（3）类似性　平面图形（或直线）与投影面倾斜时，其投影变小（或变短），但投影的形状与原来形状相类似的性质，称为类似性，如图 3-7 所示。

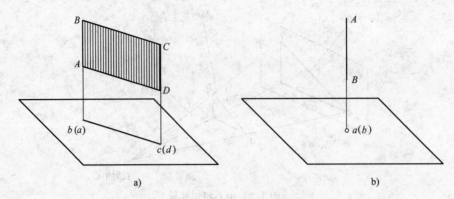

图 3-6   平面、直线垂直投影面时的投影

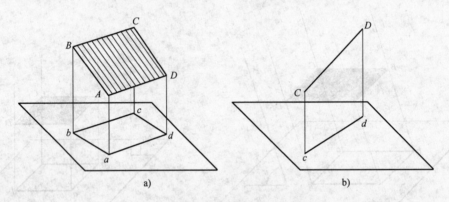

图 3-7   平面、直线倾斜投影面时的投影

四、任务实施

绘制如图 3-1 所示实物的正投影图。分别向 6 个投影面投射，在投影面上得到的正投影如图 3-8 所示。

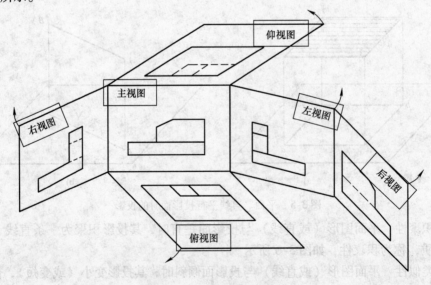

图 3-8   6 个投影面上的投影

课题 2 三视图的形成

任务 1 三视图之间的对应关系

知识点：

1. 掌握投影法的概念。

2. 掌握正投影法。

技能点：

掌握绘制物体的三视图的方法。

一、任务引入

画出如图 3-9 所示实体的三视图，要求符合投影关系，线条规范。

二、任务分析

图 3-9 实体图是由两个长方体组合在一起的，一个视图不能完全反映物体的形状和大小，为了完整的表达出它的形状、结构和大小，就需要采用正投影法向三个不同的平面进行投影，作出其三面视图。用正投影法绘制出的物体的图形称为视图，常用三面视图表达，简称三视图。通过学习三视图的形成过程、三视图之间的对应关系、投影规律知识、准确熟练地画出图 3-9 实体图对应的三视图。

三、知识准备

1. 三视图的形成过程

（1）三投影面体系的建立 三投影面体系由三个相互垂直的投影面组成，如图 3-10 所示。

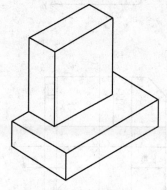

图 3-9 实体图

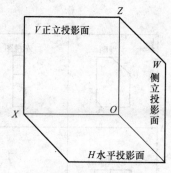

图 3-10 三投影面体系

三个投影面分别称为：

正立投影面，简称正面，用 V 表示。

水平投影面，简称水平面，用 H 表示。

侧立投影面，简称侧面，用 W 表示。

相互垂直的投影面之间的交线称为投影轴，它们分别是：

OX 轴（简称 X 轴），是 V 面与 H 面的交线，它代表长度方向。

OY 轴（简称 Y 轴），是 H 面与 W 面的交线，它代表宽度方向。

OZ 轴（简称 Z 轴），是 V 面与 W 面的交线，它代表高度方向。

三根投影轴相互垂直，其交点 O 称为原点。

（2）物体在三投影面体系中的投影　将物体放置在三投影面体系中，放稳、放平、放正。按正投影法向各投影面投射，即可分别得到物体的正面投影、水平面投影和侧面投影，如图3-11a所示。

（3）三投影面的展开　为了画图方便，需将相互垂直的三个投影面展平在同一个平面上。规定：正立投影面不动，将水平投影面绕 OX 轴向下旋转90°，将侧立投影面绕 OZ 轴向右旋转90°（图3-11b），分别重合到正立投影面上（这个平面就是图纸），如图3-11c所示。应注意，水平投影面和侧立投影面旋转时，OY 轴被分为两处，分别用 OY_H（在 H 面上）和 OY_W（在 W 面上）表示。

在机械制图中，可把人的视线设想成一组平行的投射线，把物体在投影面上的投影作为视图，如图3-11c所示。

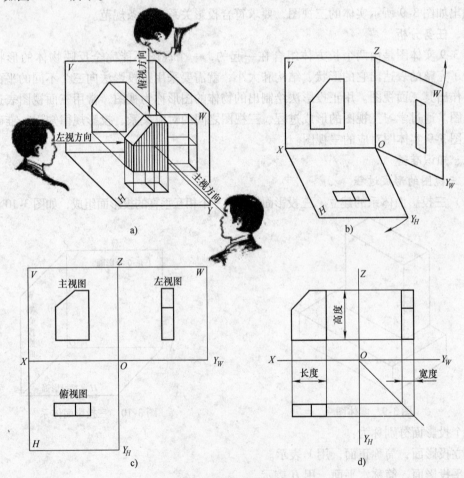

图3-11　三视图的形成过程

——物体在正立投影面上的投影，也就是由前向后投射所得的视图，称为主视图。
——物体在水平投影面上的投影，也就是由上向下投射所得的视图，称为俯视图。
——物体在侧立投影面上的投影，也就是由左向右投射所得的视图，称为左视图。

实际画图时，不必画出投影面的范围，因为它的大小与视图无关。这样，三视图则更加清晰了，如图3-11d所示。待熟练之后，投影轴也不必画出，三视图间只要符合投影关系即可，如图 3-12 所示。

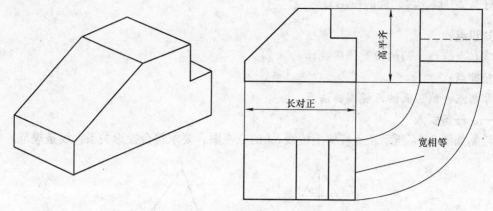

图 3-12 视图间的三等关系

2. 三视图之间的对应关系

（1）三视图间的位置关系 以主视图为准，俯视图在它的下面，左视图在它的右面。

（2）三视图间的"三等"关系 从三视图的形成过程中，可以看出（图 3-12）：

——主视图反映物体的长度（X）和高度（Z）。

——俯视图反映物体的长度（X）和宽度（Y）。

——左视图反映物体的高度（Z）和宽度（Y）。

由此可归纳得出：

主、俯视图——长对正（等长）。

主、左视图——高平齐（等高）。

俯、左视图——宽相等（等宽）。

应当指出，无论是整个物体还是物体的局部，其三面投影都必须符合"长对正，高平齐，宽相等"的"三等"规律，如图 3-12 所示。

四、任务实施

画出实体的三视图。

作图时，为了实现"俯、左视图宽相等"，可利用由原点 O 所作的 45° 辅助线，来求得其对应关系，如图 3-13 所示。

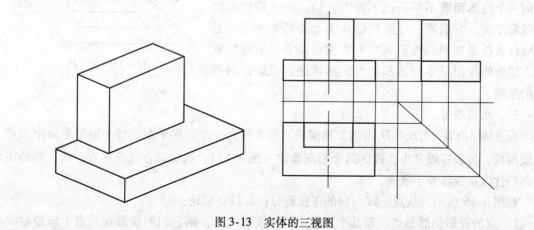

图 3-13 实体的三视图

任务2 点、线、面的投影

知识点：
掌握点、线、面的投影作图规律。

技能点：
掌握点、线、面的三视图画法。

一、任务引入

绘制如图 3-14 所示正三棱锥上棱线 SA 的三视图，要求符合投影关系，线条规范。

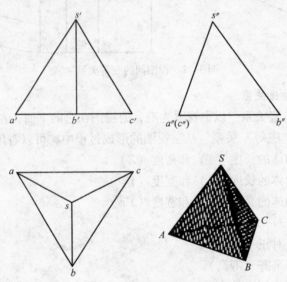

图 3-14 正三棱锥

二、任务分析

任何物体的表面都包含点、线和面等几何要素，要完整、准确地绘制物体的三视图，还需进一步研究这些几何要素的投影特性和作图方法。正三棱锥是由一个底面、三个侧面和一个锥顶组成的，棱线 SA 和面 △SAB 与任何一个投影面既不平行也不垂直，是一个一般位置的棱线和平面，它们的三视图投影从图上看都缩小了，是对应什么投影规律和性质呢？本节重点是学习不同位置的点线面的投影基本规律和特性，熟练进行点线面的投影的绘制。

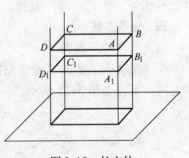

图 3-15 长方体

三、知识准备

长方体 $ABCD$、$A_1B_1C_1D_1$ 由六个面围成。每个面为一个矩形平面，每个矩形平面由四条直线围成，每条直线又由直线的两个端点确定（图 3-15）。因此，首先应从点、线、面的正投影特性以及规律着手研究。

如图 3-16 所示，从点、线、面的正投影分析有以下结论：

1）点的投影仍然是点。若几个点位于同一投射线上，则它们的投影在垂直于该投射线的投影面上重合。

2）垂直于投影面的直线，其投影积聚为一个点，具有积聚性。

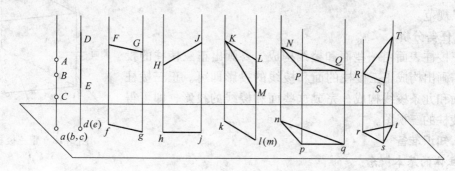

图3-16　点、线、面的投影

3）平行于投影面的直线，其投影仍为一直线，且投影与空间直线长度相等，具有实形性。

4）倾斜于投影面的直线，其投影也为一直线，但投影长度比空间直线短，具有类似性。

5）垂直于投影面的平面图形，其投影积聚为一直线，具有积聚性。

6）平行于投影面的平面图形，其投影仍为一平面图形，且投影与平面图形的形状和大小一致，具有等同性。

7）倾斜于投影面的平面图形，其投影也为一平面图形，但投影不反应平面图形的实形，具有类似性。

四、任务实施

如图3-14所示，正三棱锥上△SAB为一般位置平面，所以它的三视图都为缩小的类似形。△SAB三视图（图3-17）的作图方法如下（图3-17）：

1）绘制投影轴。

2）绘制S、A、B三点的三视图。

3）S、A、B三点的各同面投影相互连接，即完成了△SAB的三视图。

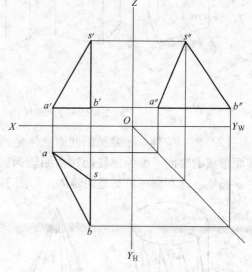

图3-17　△SAB的三视图

课题3　基本几何体的三视图

任务1　绘制棱柱的三视图

知识点：
掌握绘制正三棱柱三视图的方法。

技能点：
能够作出三棱柱表面点的三视图。

一、任务引入

绘制如图 3-18 所示正三棱柱的三视图，要求符合投影关系，线条规范。

二、任务分析

正三棱柱表面由一些面和棱线构成。要画出正三棱柱的投影，只需画出构成正三棱柱的面和棱线的投影即可。正三棱柱由五个面和九条棱线构成，完成这些面和棱线的投影，即可得到正三棱柱的三视图。

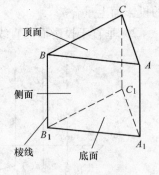

图 3-18　正三棱柱

三、知识准备

1. 立体的基本概念

（1）平面立体　围成立体的各个表面都是平面的立体，称为平面立体。三棱柱、四棱柱、六棱柱、三棱锥、四棱台等都是平面立体，如图 3-19 所示。其中，上、下底面均为正多边形，且与轴线垂直的柱体，称为正棱柱。

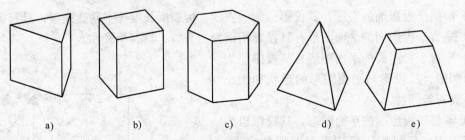

图 3-19　平面立体

a）三棱柱　b）四棱柱　c）六棱柱　d）三棱锥　e）四棱台

（2）曲面立体　最常见的曲面立体是回转体。由一条母线（直线或曲线）围绕轴线回转而形成的表面，称为回转面；由回转面或回转面与平面所围成的立体，称为回转体。圆柱、圆锥、球和圆环等都是回转体，如图 3-20 所示。

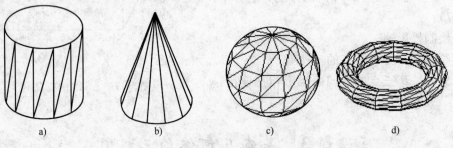

图 3-20　回转体

a）圆柱　b）圆锥　c）球　d）圆环

2. 绘制平面立体三视图的基本思路

由于平面立体由平面围成，因此绘制平面立体的三视图，就可归结为绘制各个面（棱面）的投影的集合。由于平面图形由线段组成，而每条线段都可由其两端点确定，因此作平面立体的三视图，又可归结为求作其各面的交线（棱线）及各顶点的投影的集合。

在平面立体的三视图中，有些面和面的交线处于不可见位置，在图中须用虚线表示。

四、任务实施

表 3-1　绘制三棱柱三视图的方法和步骤

步　骤	图　示	步　骤	图　示
1. 在图纸的适当位置，画一个正置的边长为 t 的正三角形，即三棱柱的前视图		3. 按"主、左高平齐"和"俯、左宽相等"，借助 45°线画出左视图	
2. 在俯视图的正上方适当位置，根据"主、俯长对正"和三棱柱高 h 按投影规律画出主视图		4. 擦去作图辅助线、加深图线，完成三棱柱的三视图	

任务 2　绘制圆柱的三视图

知识点：

掌握圆柱三视图的画法。

技能点：

能够完成圆柱表面点的三视图。

一、任务引入

绘制如图 3-21 所示圆柱的三视图，要求符合投影关系，线条规范。

二、任务分析

圆柱表面是由顶面、底面和圆柱面构成的，顶面和底面为水平面，圆柱面为铅垂面。要画出圆柱的投影，只需画出顶面、底面和圆柱面的投影即可。

三、知识准备

1. 分析圆柱的形成

圆柱面的形成如图 3-21a 所示，圆柱面可看作由一条直母线围绕和它平行的轴线 OO_1 回转而成。OO_1 称为回转轴，直线 AB 称为母线，母线转至任一位置时称为素线。

2. 分析圆柱的投影关系

图 3-21b 为圆柱的投影过程。

与水平面平行的圆的俯视图为一个圆。由于圆柱的轴线是铅垂线，圆柱面上所有素线都是铅垂线，因此圆柱面的水平投影有积聚性，成为一个圆。也就是说，圆周上的任一点，都对应圆柱面上某一位置素线的水平投影。同时，圆柱顶面、底面的水平投影（反映实形），也与该圆相重合。

圆柱的主视图为一个矩形。其中左右两轮廓线 $a'a_1'$、$b'b_1'$，是两个由投射线组成且和圆

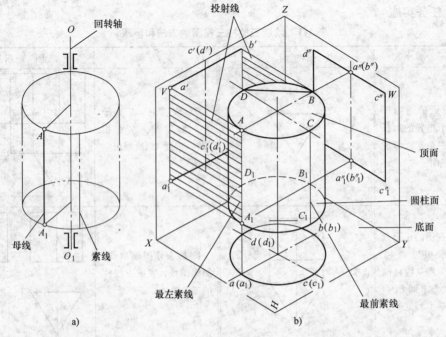

图 3-21　圆柱

柱面相切的平面与 V 面的交线，这两条交线也正是圆柱面上最左、最右素线（AA_1、BB_1）的投影，它们把圆柱面分为前后两半，其投影前半个看得见，后半个看不见，而这两条素线是看得见和看不见的分界线。最左、最右素线的侧面投影和轴线的侧面投影重合（不需画出其投影），水平投影在横向中心线和圆周的交点处。矩形的上、下两边分别为圆柱顶面、底面的积聚性投影。

四、任务实施

绘制圆柱的三视图时（表 3-2），一般先画投影具有积聚性的圆，再根据投影规律和圆柱的高度完成其他两视图。

表 3-2　绘制圆柱三视图的方法和步骤

步　骤	图　示	步　骤	图　示
1. 在图纸的适当位置确定中心线，按圆柱直径画一个直径为 ϕ 的圆，即圆柱的俯视图		3. 按"主、左高平齐"和"俯、左宽相等"，借助 45°线确定轴线，画出左视图	
2. 根据"主、俯长对正"和圆柱高度，按投影规律确定轴线，画出圆柱的主视图		4. 擦去作图辅助线，加深图线，完成圆柱的三视图	

课题 4　组合体的三视图

任务　绘制轴承座的三视图

知识点：

掌握组合体三视图的画法。

技能点：

能够完成组合体的三视图。

一、任务引入

绘制如图 3-22 所示轴承座的三视图，要求符合投影关系，线条规范。

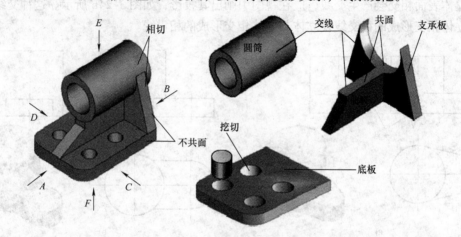

图 3-22　轴承座的形体分析

二、任务分析

绘制组合体的三视图，画图的方法、先后顺序最为重要。从视图的角度来讲，画图应先定位置后定形状，先主后次，先基本形体后局部形状；就线型而言，应先实后虚（先画看得见的部分，后画看不见的部分），先画圆或圆弧后画直线。还要注意分析形体之间的组合方式及表面连接关系，做到"分块逐块画"，避免发生多线和漏线。下面以轴承座三视图的绘制过程为例学习画组合体三视图的要领。

三、知识准备

组合体上相邻表面之间的各种连接关系及画法。

1. 错开与平齐

两基本体叠加时，有错开和平齐两种关系，如图 3-23a 所示，当相邻两基本体的表面不共面，即错开时，应画出两表面间的分界线。当两基本体的表面互相平齐，连成一个平面时，则结合处没有分界线，如图 3-23b 所示。

2. 相切与相交

相切是基本体叠加和切割时表面连接关系的特殊情况，如图 3-24a 所示。形体相切时，相邻表面光滑过渡，在相切处没有明显的分界线，但存在着看不见的光滑连接的切线，读图时注意找出切线投影的位置及不同相切情况的投影特点。

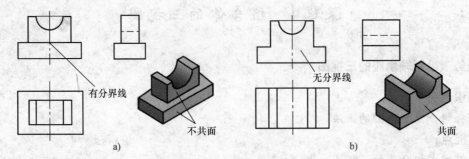

图 3-23　表面错开与平齐

a）错开　b）平齐

　　两立体表面相交会产生交线，应在视图中画出其投影，如图 3-24b 所示。这种交线包括平面与立体相交形成的截交线及立体与立体相交形成的相贯线。

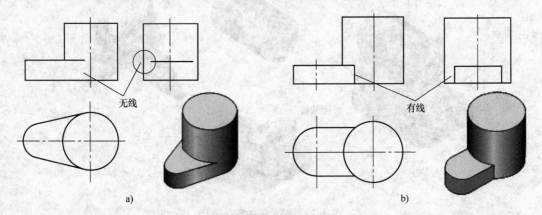

图 3-24　表面相切与相交

a）相切　b）相交

3. 截交线

　　平面与立体表面相交，可以认为是立体被平面截切，此平面通常称为截平面，截平面与立体表面的交线称为截交线。图 3-25 为截割体的示例。

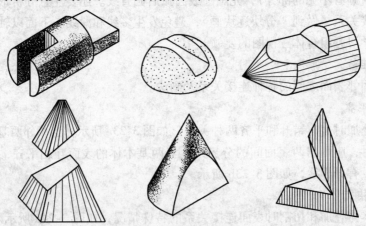

图 3-25　平面与立体表面相交

截交线的性质：

1）截交线一定是一个封闭的平面图形。

2）截交线既在截平面上，又在立体表面上，截交线是截平面和立体表面的共有线。截交线上的点都是截平面与立体表面上的共有点。

因为截交线是截平面与立体表面的共有线，所以求作截交线的实质，就是求出截平面与立体表面的共有点。

（1）平面切截平面立体

平面立体的表面是平面图形，因此平面与平面立体的截交线为封闭的平面多边形。多边形的各个顶点是截平面与立体的棱线或底边的交点，多边形的各条边是截平面与平面立体表面的交线。棱柱与棱锥的截交线见表 3-3。

表 3-3　棱柱与棱锥的截交线

截平面位置	单一平面截切棱柱	单一平面截切棱锥	多个平面截切棱锥
截交线形状	多边形	多边形	多个多边形
投影图和轴测图			

（2）平面切割曲面立体

学习了平面立体的截交线，学习曲面立体的截交线。平面与曲面立体相交产生的截交线一般是封闭的平面曲线，也可能是由曲线与直线围成的平面图形，其形状取决于截平面与曲面立体的相对位置。

曲面立体的截交线，就是求截平面与曲面立体表面的共有点的投影，然后把各点的同名投影依次光滑连接起来。

当截平面或曲面立体的表面垂直于某一投影面时，则截交线在该投影面上的投影具有积聚性，可直接利用面上取点的方法作图。

1）圆柱的截交线（见表 3-4）

2）圆锥的截交线（见表 3-5）

3）球体截交线（见表 3-6）

4. 相贯线

两个立体相交称为两立体相贯，其表面的交线称为相贯线。两圆柱体相贯，在机件上极为常见，这里主要介绍两圆柱正交相贯的一般形式。

表 3-7 列出了两圆柱正交相贯常见的三种形式，包括立体的外表面与外表面相交（实实相贯）；立体的外表面与内表面相交（实虚相贯）；内表面与内表面相交（虚虚相贯）。相

贯线一般为封闭的空间曲线，特殊情况下可是封闭的平面曲线。

表 3-4 截圆柱的截交线

截平面位置	平行于圆柱轴线	垂直于圆柱轴线	倾斜于圆柱轴线
截交线形状	矩形	圆	椭圆
轴测图			
投影图			

表 3-5 平面截切圆锥的五种截交线

截平面位置	过锥顶	垂直于轴线	倾斜于轴线	倾斜于轴线	平行或倾斜于轴线
截交线形状	相交两直线	圆	椭圆	抛物线	双曲线
轴测图					
投影图					

表 3-6 球体的截交线

截平面为水平面	截平面为正平面	截平面为侧平面	截平面为正垂面

表 3-7　两正交圆柱的相贯线

相交形式	两外表面相交	外表面与内表面相交	两内表面相交
立体图			
投影图			

　　当直径相等的两圆柱公切一个球时，相贯线是相互垂直的两椭圆，且椭圆所在的平面垂直于两条轴线所确定的平面，因此其投影积聚为两相交直线。图 3-26 所示为两圆柱面直径变化时对相贯线的影响。

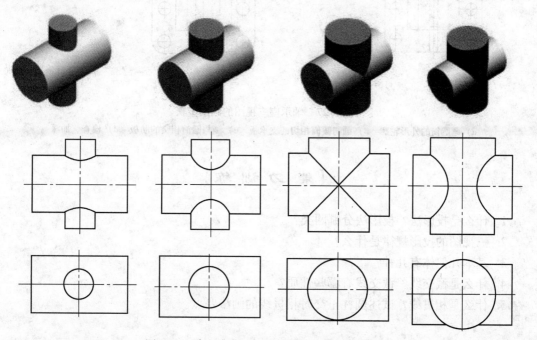

图 3-26　直径变化时两圆柱相贯线的变化趋势

四、任务实施

绘制轴承座的三视图步骤如图 3-27 所示。

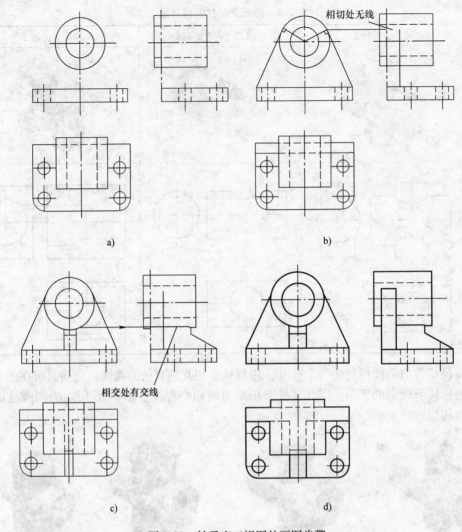

相切处无线

相交处有交线

图 3-27 轴承座三视图的画图步骤

a) 画圆筒的外形轮廓 b) 画与圆筒相切的支承板 c) 画与圆筒相交的肋板 d) 检查、加深

【能 力 训 练】

1. 什么是投影法？投影法分哪两类？

2. 三视图的投影规律是什么？

3. 基本几何体有几种？

4. 什么是截交线？截交线有哪些性质？

5. 什么是相贯线？试述圆柱正交时相贯线的画法要点。

模块4 轴 测 图

课题1 正等轴测图

任务1 绘制正六棱柱的正等轴测图

知识点：

1. 轴测图的基本概念、特性和种类。

2. 正等轴测图的轴间角、轴向伸缩系数、画正等轴测图时坐标的建立方法。

技能点：

会用坐标法作平面立体的正等轴测图。

一、任务引入

图4-1为一正六棱柱的两视图，图4-2为其正等轴测图，观察这两个图，分析并掌握该正六棱柱正等轴测图的画法。

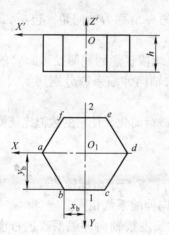

图4-1 正六棱柱的主、俯视图

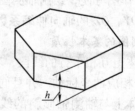

图4-2 正六棱柱的正等轴测图

二、任务分析

轴测图是用轴测投影的方法画出的一种富有立体感的图形，它接近于人们的视觉习惯，在生产和学习中常用它作为辅助图样，帮助我们想象和构思。

画轴测图要切记两点：一是利用平行性质作图，这是提高作图速度和准确度的关键；二是沿轴向度量，这是作图正确的关键。

轴测图是一种单面投影图。用轴测图可以表达物体的三维形象，比正投影图直观，常用它作为辅助性的图样来使用。三视图虽然能够真实、完整地表达物体的形状及尺寸大小，但是它的立体感差，对物体形状的表达不够生动。工程上常用的是正等轴测图和斜二等轴测图两种。

三、知识准备

1. 轴测图的基本知识

（1）轴测图的形成　轴测图是将物体连同直角坐标系，沿着不平行于任一坐标平面的方向，用平行投影法投射在单一投影面上所得到的具有立体感的图形，如图4-3所示。

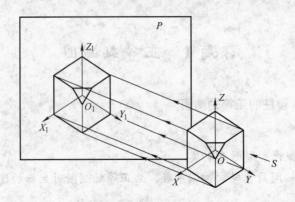

图4-3　轴测图的形成

其中 P 为单一投影面，也称为轴测投影面。

在轴测投影面 P 上的 O_1 为原点，坐标轴 O_1X_1、O_1Y_1、O_1Z_1 为轴测投影轴，简称轴测轴。

（2）轴间角　在轴测投影面上，两根轴测轴之间的夹角称为轴间角，包括 $\angle X_1O_1Y_1$、$\angle Y_1O_1Z_1$ 和 $\angle Z_1O_1X_1$。

（3）轴向伸缩系数　物体上平行于直角坐标轴的直线段投影到轴测投影面 P 的长度与相应的原长之比称为轴向伸缩系数。OX、OY、OZ 轴的轴向伸缩系数分别用 p_1、q_1、r_1 表示。

但为了作图方便，绘制轴测图时，对轴向伸缩系数进行简化，使它的数值比较简单。简化的 OX、OY、OZ 的轴向伸缩系数分别用 p、q、r 表示。

2. 轴测图的基本性质

1）物体上互相平行的线段，其轴测投影仍互相平行；平行于坐标轴的线段，其轴测投影仍平行于相应的坐标轴。并且同一轴向所有线段的轴向伸缩系数相同。

2）物体上与轴测轴倾斜的线段，不能把该线段的长度按轴向伸缩系数进行度量。所以，在绘制轴测图时，必须沿着轴向测量尺寸。所谓"轴测"，就是沿着轴向进行测量的意思。

3. 轴测图的分类

根据投射方向与轴测投影面的相对位置，轴测图分为两类。

（1）正轴测图　投射方向与轴测投影面垂直所得到的轴测图。主要有正等轴测图、正二轴测图、正三轴测图。

（2）斜轴测图　投射方向与轴测投影面倾斜所得到的轴测图。主要有斜等轴测图、斜二轴测图、斜三轴测图。

工程上常用的是正等轴测图和斜二等轴测图两种，它们的轴间角、轴向伸缩系数、简化的轴向伸缩系数以及例图的比较见表4-1。

表 4-1　正等轴测图和斜二等轴测图的比较

特性	正等轴测图	斜二等轴测图
	投射线与轴测投影面垂直	投射线与轴测投影面倾斜
轴测类型	等测投影	二测投影
简称	正等测	斜二测
轴向伸缩系数	$p_1 = q_1 = r_1 = 0.82$	$p_1 = r_1 = 1$ $q_1 = 0.5$
简化轴向伸缩系数	$p = q = r = 1$	无
轴间角	（图：Z_1 轴竖直，X_1、Y_1 轴间角均为 120°）	（图：$90°$、$135°$、$135°$）
例图	（正等轴测图立方体）	（斜二等轴测图立方体）

四、任务实施

画正六棱柱的正等轴测图，作图方法与步骤见表 4-2。

表 4-2　正六棱柱正等轴测图的作图方法及步骤

作图步骤	作图方法	作图说明
1	（图：正六棱柱的三视图及俯视图坐标系，标注 a、b、c、d、e、f、1、2、O_1、x_b、y_b、h）	定出坐标原点及坐标轴
2	（图：轴测轴 X_1、Y_1、Z_1，标注 A、D、I、II、O_1、y_b）	画轴测轴 X_1、Y_1，由于 a、d 和 1、2 分别在 X_1 和 Y_1 轴上，可直接量取并在轴测轴 X_1、Y_1 上定出 A、D 和 I、II

（续）

作图步骤	作图方法	作图说明
3		过 I 和 II 分别作 X_1 轴的平行线，量得 B、C 和 E、F 连成顶面六边形
4		过点 A、B、C、F 沿 Z_1 轴量取高度 h，得到下底面各点，连接相关点，擦去多余图线，描深，完成正六棱柱的正等轴测图

任务2　绘制圆柱、圆角零件的正等轴测图

知识点：

曲面立体的绘制方法。

技能点：

会用坐标法作曲面立体的正等轴测图。

一、任务引入

如图 4-4 所示是一个圆柱体的正等轴测图，分析并掌握圆柱体的正等轴测图的画法。

二、任务分析

如图 4-4 所示，竖直正圆柱的轴线垂直于水平面，上、下底为两个与水平面平行且大小相同的圆，在轴测图中均为椭圆。可按圆柱的直径 ϕ 和高度 h 作出两个形状和大小相同、中心距为 h 的椭圆，再作两椭圆的公切线，分析并掌握圆柱体的正等轴测图的画法。

三、知识准备

画圆角的正等轴测图。平行于坐标平面的圆角是圆的一部分，画圆角的正等轴测图的作图方法和步骤见表 4-3。

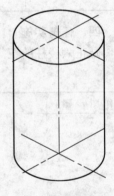

图 4-4　圆柱体的
正等轴测图

表 4-3　圆角零件正等轴测图的作图方法及步骤

作图步骤	图　示	作图说明
1		给出带有圆角的平板的主、俯视图

（续）

作图步骤	图 示	作图说明
2		画出平板没有切出圆角前的轴测图，并在平板底面相应的棱线上找出切点 1、2、3、4
3		过 1、2 两点作相应棱线的垂线得交点 O_1，过 3、4 两点作相应棱线的垂线得交点 O_2
4		以 O_1 为圆心，$O_1 1$ 为半径画弧，与两条棱线相切。再以 O_2 为圆心，$O_2 3$ 为半径画弧，与两条棱线相切
5		将圆心 O_1、O_2 下移 h，同样作出两条圆弧分别与下底板的棱线相切
6		擦去多余图线，描深可见图线即完成作图

四、任务实施

画圆柱体的正等轴测图，作图方法与步骤见表4-4。

表4-4 圆柱体正等轴测图的作图方法及步骤

作图步骤	图　　示	作图说明
1		选定坐标轴及坐标原点。给出圆柱体的主、俯视图，作俯视图即圆柱上底圆的外切正方形，得切点a、b、c和d
2		画轴测轴，定出四个切点A、B、C、D，过四个点分别作X轴、Y轴的平行线。得到圆的外切正方形的轴测图（菱形），再沿Z轴量取圆柱高度h，用同方法作出下底菱形
3		过菱形的两点1、2，连接$1C$、$2B$得到交点3，连接$1D$、$2A$得到交点4。1、2、3和4点即为四段圆弧的圆心。分别以1、2为圆心，$1C$为半径作弧CD和弧AB，再分别以3、4为圆心$3B$为半径作弧CB和弧AD，得到圆柱上底轴测图（四心圆法画椭圆）。再将椭圆的三个圆心2、3、4沿Z轴平移h，作出下底椭圆，不可见的圆弧不必画出

（续）

作图步骤	图 示	作图说明
4		作出两椭圆的公切线，擦去多余图线，描深可见图线即完成圆柱轴测图

课题 2 斜二等轴测图

任务 绘制支架的斜二等轴测图

知识点：

1. 轴测图的概念、形成及分类。
2. 斜二等轴测图的轴间角、轴向伸缩系数的概念以及画斜二等轴测图时坐标的建立。

技能点：

会用坐标法绘制支架的斜二等轴测图。

一、任务引入

如图 4-5 所示是支架的主、俯视图，图 4-6 是支架的斜二等轴测图。分析并掌握其斜二等轴测图的画法。

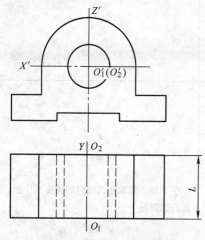

图 4-5 支架的主、俯视图　　　　图 4-6 支架的斜二等轴测图

二、任务分析

从支架的斜二等轴测图来看，支架的前后端面平行于正面，即 XOZ 所在的平面。由于在斜二轴测图中，凡是平行于 XOZ 坐标面的平面图形，其轴测投影均反映实形，所以当物

体在 XOZ 面内有圆时宜采用斜二等轴测图画法。可以先画前表面，再沿 Y 轴平移得到后表面，即采用坐标法作图。

三、知识准备

1. 平面体的斜二等轴测图

以正四棱台为例，画平面体的斜二等轴测图，画法和步骤见表4-5。

表 4-5 正四棱台斜二等轴测图的画法

作图步骤	图　示	作图说明
1		在视图上选好坐标轴
2		画轴测轴，作底面的轴测图
3		在 Z 轴上量取正四棱台的高度，作上、下底面的轴测图

（续）

作图步骤	图 示	作图说明
4		连接正四棱台上、下底面相应的顶点，擦去多余的线条并描深，虚线不必画出

2. 画曲面立体的斜二等轴测图

以圆台为例，画曲面立体的斜二等轴测图，画法和步骤见表4-6。

表4-6　圆台斜二等轴测图的画法和步骤

作图步骤	图 示	作图说明
1		在圆台的主视图上选好坐标轴
2		画轴测轴及大小底圆圆心，并画圆
3		作出两圆的公切线，擦去多余的线条并描深，完成作图

四、任务实施

画支架的斜二等轴测图，作图方法与步骤见表4-7。

表4-7 支架的斜二等轴测图作图方法与步骤

作图步骤	作图方法	作图说明
1	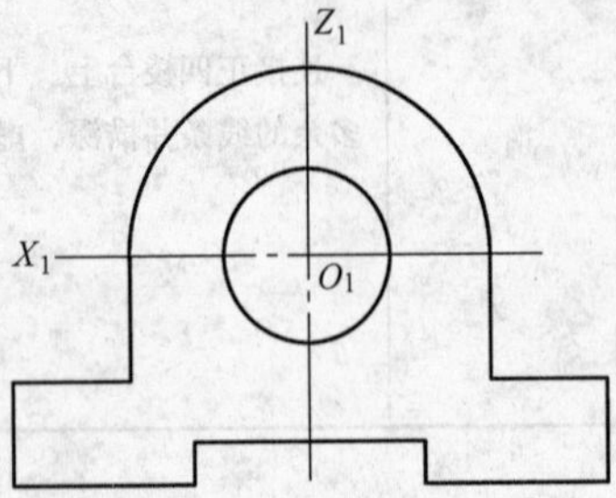	取圆及孔所在的平面为正平面，在轴测投影面 $X_1O_1Z_1$ 上得到与图4-5 的主视图一样的图形
2	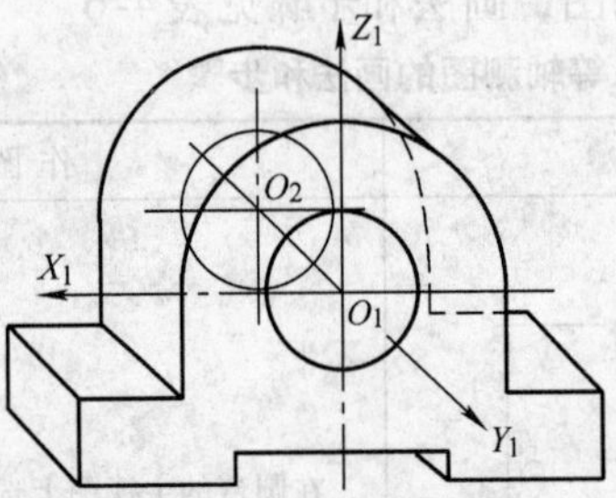	支架的宽为 L，反映在 Y 轴上应为 $L/2$。沿 Y 轴将圆心 O_1 向后移 $L/2$，确定圆心 O_2，以 O_2 点为原点画后面的圆及其他部分
3		最后作圆头部分的公切线，将相应各点连线，擦去作图辅助线并描深，完成作图

课题3 简单形体的轴测图

任务 徒手绘制简单形体的轴测图

知识点：
掌握徒手绘图的基本技法。

技能点：
能够徒手绘制简单形体的轴测图。

一、任务引入

如图4-7所示为立体的三视图，徒手画出该图的正等轴测图。

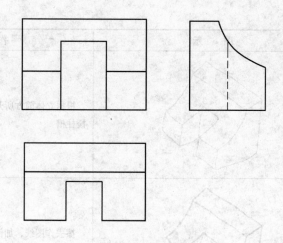

图4-7 立体的三视图

二、任务分析

如图所示立体的三视图，徒手画出该图的正等轴测图。不用绘图仪器和工具，通过目测形体各部分的尺寸和比例，徒手画出的图形称为草图。草图是创意构思、零部件测绘、技术交流常用的绘图方法。草图虽然是徒手绘制，但绝不是潦草的图，仍应做到：图形正确、线型粗线分明、自成比例、字体工整、图面整洁。

徒手绘图具有灵活快捷的特点，有很大的实用价值，特别是随着计算机绘图的普及，徒手绘制草图的应用将更加重要。

三、知识准备

见模块二的课题3的徒手画图方法的知识准备。

四、任务实施

根据图4-7所示的立体的主、俯、左三视图画出长方体（见表4-8），然后采用切割法挖前上角和开槽。在正等轴测中，圆均变为椭圆，应画出椭圆的外切菱形，再画出椭圆，图中只是有一小段圆弧，画出椭圆后，可将多余图线擦去。

表4-8 立体的正等轴测图画法与步骤

作图步骤	图 示	作图说明
1		目测物体的长、宽、高，在三条轴测轴的方向上截取三条边的长度，画出长方体
2		根据立体前上角挖切部分的大小画出它的结构

（续）

作图步骤	图 示	作图说明
3		根据立体前方所开槽的部位和大小，画出四棱柱槽
4		擦去作图线，加深形体轮廓线，完成形体的正等轴测草图

【能力训练】

1. 正等轴测图与斜二等轴测图的轴间角与伸缩系数分别是什么？
2. 正等轴测图和斜二等轴测图各有何特点？在什么情况下采用斜二等轴测图？
3. 轴测图有哪些基本性质？
4. 什么是草图？

模块 5　机械图样的基本表示法

课题 1　视　　图

任务 1　识读异形块的基本视图

知识点：

1. 掌握基本视图的概念。
2. 掌握基本视图的名称、配置关系和基本视图的投影规律。
3. 掌握向视图的概念。

技能点：

能正确运用基本视图、向视图表达物体形状。

一、任务引入

分析如图 5-1 所示异形块的一组视图，表达方法有什么特点，异形块的立体图如图 5-2 所示。

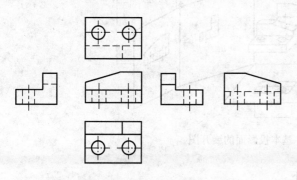

图 5-1　异形块的视图

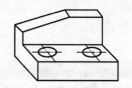

图 5-2　异形块的立体图

二、任务分析

为了完整、清晰地表达结构形状复杂的机件，有时需要从机件的前、后、上、下、左、右六个方向反映机件的结构形状。如图 5-3 所示，在以前我们学过的正立面、右侧面、水平面组成的三投影面体系的基础上，增加三个投影面：顶面、前立面、左侧面，构成一个正六面投影体系，这六个面称为基本投影面。物体向基本投影面投射所得的视图，称为基本视图。

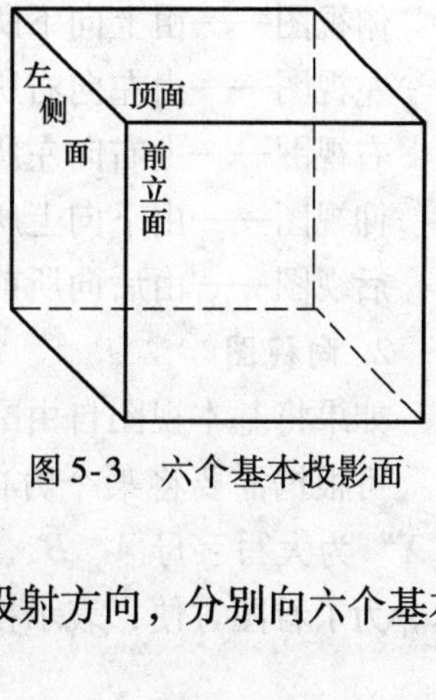

图 5-3　六个基本投影面

三、知识准备

1. 基本视图的名称和投射方向规定

如图 5-4 所示，将异形块放在六面投影体系中，沿六个基本投射方向，分别向六个基本

65 ◀◀◀

投影面作正投影，展开图如图 5-5 所示，得到六个基本视图如图 5-1 所示。

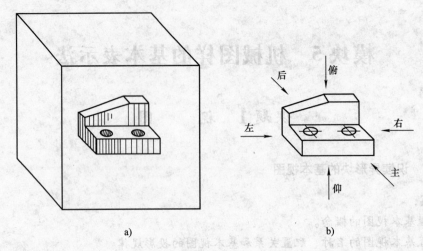

a)   b)

图 5-4　基本视图的投射方向

a）异形块放在六面投影体系中　b）六个基本投射方向

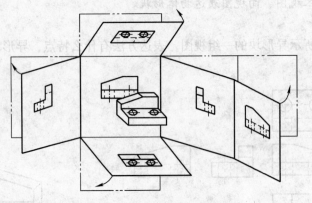

图 5-5　基本投影面的展开图

基本视图的名称和投射方向规定如下：

主视图——由前向后所得的视图。

俯视图——由上向下所得的视图。

左视图——由左向右所得的视图。

右视图——由右向左所得的视图。

仰视图——由下向上所得的视图。

后视图——由后向所前得的视图。

2. 向视图

如果将基本视图自由配置，就形成了向视图。向视图是可以自由配置的视图。

可根据需要将某个方向的视图配置在图纸的任何位置上，在向视图的上方标出"X"（"X"为大写字母 A、B、C…），在相应视图附近用箭头指明投射方向，并注上相应的字母。为了看图方便，表示投射方向的箭头应尽可能配置在主视图上。如图 5-6 所示，就是异形块的向视图。

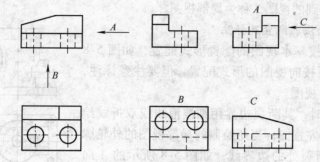

图5-6　异形块的向视图

绘制后视图时，投射方向在主视图上反映不出来，表示投射方向的箭头，最好配置在左视图或右视图上。

四、任务实施

把基本视图按图5-5所示的方法展开在同一个平面内，形成异形块的基本视图。在一张图纸内各视图的位置按规定位置配置时，不用标注视图的名称，如图5-1所示，得到六个基本视图。

六个基本视图的投影规律：主、俯、仰、后视图长对正。

　　　　　　　　　　　　　主、左、右、后视图高平齐。

　　　　　　　　　　　　　俯、左、右、仰视图宽相等。

任务2　识读支座的局部视图

知识点：

1. 掌握局部视图的定义、画法、配置和标注。

2. 了解局部视图的特点。

技能点：

1. 能识读局部视图，正确区分和标注局部视图。

2. 能正确运用局部视图表达物体形状。

一、任务引入

如图5-7所示是支座的轴测图，选择合适的表达方式，画出该支座的一组视图。

二、任务分析

对支座进行形体分析，由四个部分组成：正立的空心圆柱体，带有四个圆角和小孔的长方体，左、右各有一个凸缘（形状不完全一样）。这种结构形式如果采用基本视图表达，需要四个基本视图，如主视图、俯视图、左视图和右视图，这样表达起来显得烦琐和重复，所以采用了局部视图。

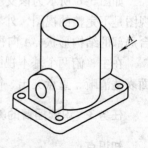

图5-7　支座的轴测图

三、知识准备

1. 局部视图的概念

在表达机件时，当采用一定数量的基本视图后，机件上仍有部分结构形状尚未表达清楚，而又没有必要再画出完整的其他基本视图时，可采用局部视图。只将机件的某一部分向基本投影面投射所得到的视图，称为局部视图。

2. 局部视图的画法、配置及标注

1）局部视图可按基本视图的配置形式配置，如图 5-8 所示的左视图；也可按向视图的形式配置，但要注意标注，如图 5-8 所示的 A 向视图。

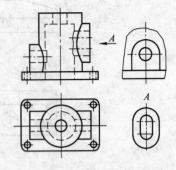

2）画局部视图时，其断裂边界用细波浪线或双折线绘制，如图 5-8 所示的左视图；当所绘制的局部视图的外轮廓封闭时，不需画出断裂处的边界线，如图 5-8 所示的 A 向视图。

3）局部视图通常在其上方用大写的拉丁字母标注出视图的名称，如图 5-8 所示的 A 向视图；当局部视图按基本视图配置，中间又没有其他图形隔开时，不必标注，如图 5-8 所示的左视图。

图 5-8 支座的视图

4）对称机件的视图可只画一半或 1/4，并在对称中心线的两端画两条与其垂直的平行细实线，如图 5-9 所示。这种简化画法（用细点画线代替波浪线作为断裂边界线）是局部视图的一种特殊画法。

5）按第三角画法配置在视图上需要表示的局部结构附近，并用细点画线连接两图形，此时不需另行标注，如图 5-10 所示。

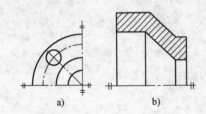

a)   b)

图 5-9 对称机件的局部视图

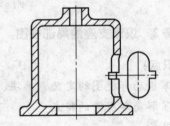

图 5-10 局部视图按第三角画法配置

四、任务实施

如图 5-8 所示为该支座的视图。图中共有四个视图，主视图和俯视图是完整的视图；左视图是不完整的视图，外轮廓不封闭，用细波浪线绘制出断裂的边界，仅反映出支座底部凸台局部的结构形状；A 向视图外轮廓封闭，仅反映出凸台的 A 向端面形状。

在主、俯两个基本视图的基础上采用了两个局部视图，节省了两个基本视图，使整个图面表达清晰、重点突出、简单明了。

任务 3 识读摇臂的斜视图

知识点：
掌握斜视图的定义、画法、配置和标注；斜视图的特点。

技能点：

1. 能识读斜视图，能正确标注斜视图。

2. 能正确运用斜视图表达物体形状。

一、任务引入

如图 5-11 所示为摇臂的立体图和三视图，选择合适的表达方式，画出该支座的一组视图。

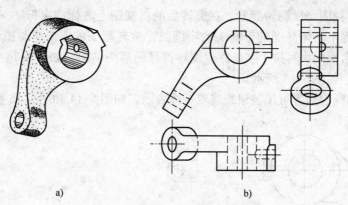

a)　　　　　　　　　　　　　　　b)

图 5-11　摇臂
a）摇臂的立体图　b）摇臂的三视图

二、任务分析

从图 5-11b 中可以看出，机件上倾斜结构的圆在俯、左视图上都表现为椭圆，不但作图繁琐而且表达不够清晰。

这时，可以考虑选择一个新的辅助投影面，如图 5-12 所示，使它与机件上倾斜部分平行且垂直于某一个基本投影面。然后，将机件上的倾斜部分向新的辅助投影面投射，再将新投影面旋转到与其垂直的基本投影面重合的位置，即可得到反映该部分实形的视图，如图 5-13 所示。

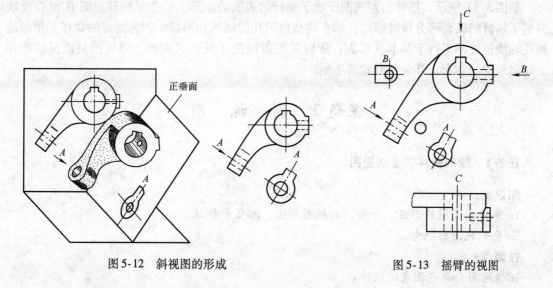

图 5-12　斜视图的形成　　　　　　　　图 5-13　摇臂的视图

三、知识准备

这种将机件向不平行于基本投影面的平面投射，所得到的视图称为斜视图。
斜视图的画法、配置与标注规则如下。

1）斜视图通常按向视图的形式配置与标注。用带字母的箭头指明投射位置和方向，将斜视图配置在所指的方向上，无论箭头和视图怎样倾斜，字母的方向必须水平注写，如图 5-14 所示。

2）必要时斜视图可以旋转配置，在旋转后的斜视图上方标注字母"×"及旋转符号，旋转符号为半径等于字体高度的带箭头的半圆弧，旋转箭头的方向应与图形的旋转方向一致，表示斜视图名称的大写拉丁字母靠近旋转符号的箭头一端，如图 5-14 所示。斜视图也可标注旋转角度，如图 5-15 所示。

3）斜视图的断裂边界可用波浪线或双折线表示，如图 5-14 和图 5-15 所示。

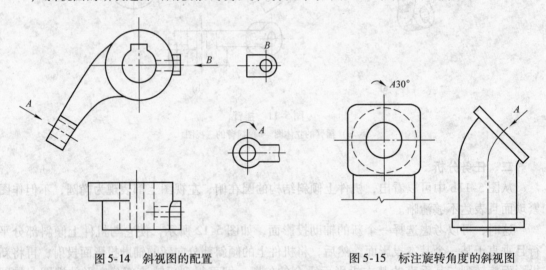

图 5-14　斜视图的配置　　　　　图 5-15　标注旋转角度的斜视图

四、任务实施

如图 5-11 所示，摇臂的左视图反映了摇臂前表面的实形，结合了局部视图 B 和 C 反映清楚了摇臂的轴套部分带键槽轴孔和右端凸台销孔的结构和形状。因为摇臂的臂板和顶端的轴孔轴线位置不平行于基本投影面，所以采用斜视图 A 反映其实形，斜视图只能反映物体上倾斜结构的实形，其余部分省略不画。

课题 2　剖 视 图

任务 1　绘制机件的全剖视图

知识点：

1. 掌握剖视图的形成、分类，剖视图画法、配置和标注。

2. 全剖视图的概念。

技能点：

正确运用全剖视图表达机件。

一、任务引入

如图 5-16 所示为某一机件的剖切立体图，试分析其结构特点，并选定合理的表达方案，画出该机件的视图。

二、任务分析

从图 5-16 中可以看出：机件的内部结构比较复杂，如果采用常规的三视图表达，视图中会出现较多的虚线，这些虚线会与粗实线混合在一起，影响图形的清晰性，不利于读图和绘图。

可以假想用剖切平面在机件的适当位置将其剖切开，然后将观察者和剖切平面之间的部分移走，这样机件的内部结构形状就可以直接看见了。将剩余部分向正立投影面上投射，得到的视图就是剖视图。

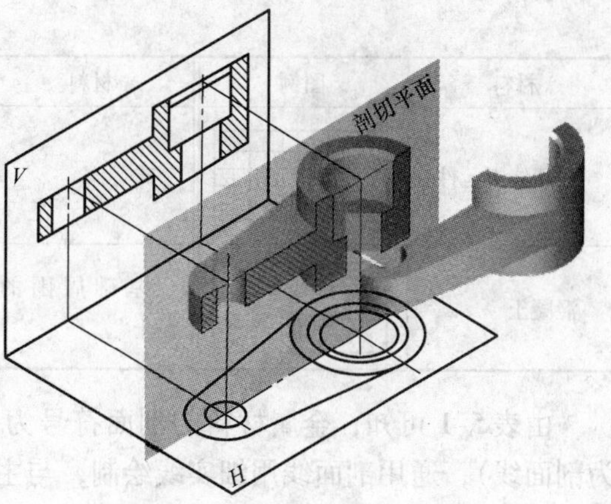

三、知识准备

1. 剖视图的概念

假想用剖切平面剖开机件，将处在观察者和剖切平面之间的部分移走，而将其余部分向投影面投射并在机件被剖切处画上剖面符号的图形，称为剖视图。剖视图根据剖切范围不同，可分为：全剖视、半剖视和局部剖视。剖切面完全剖开机件所得到的剖视图，称为全剖视图。如图 5-16 所示。

2. 剖视图的画法

1）通常选用与投影面平行的剖切平面。

2）其他视图不受剖视图的影响，仍应按完整机件画出视图。

3）剖开机件后凡是可见轮廓线都应画出。

4）一般省去剖视图中的虚线。

3. 剖面符号

机件被假想剖切开后，在剖视图中，机件与剖切面接触部分称为剖面区域。为使具有材料实体的剖面区域与其余部分（含剖切面后面的可见轮廓线及原来的中空部分）明显区分，在剖面区域内画出剖面符号。国家标准规定了在剖视图和断面图中所采用的剖面符号见表 5-1。

图 5-16　机件的剖切立体图

表 5-1　材料的剖面符号（摘自 GB/T 4457.5—1984）

材料	图例	材料	图例	材料	图例
金属材料（已有规定的剖面符号者除外）	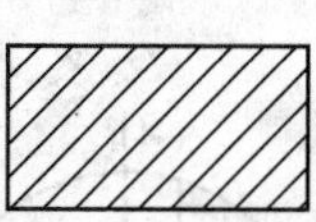	型砂、填砂、粉末冶金、砂轮、陶瓷刀片、硬质合金刀片	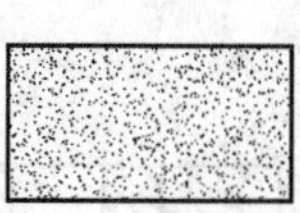	木材纵剖面	
非金属材料（已有规定的剖面符号者除外）	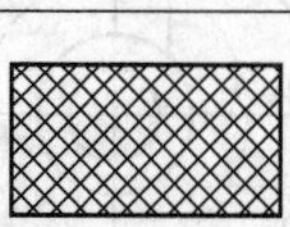	钢筋混凝土	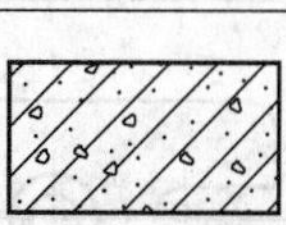	木材横剖面	
转子、电枢、变压器和电抗器等的迭钢片	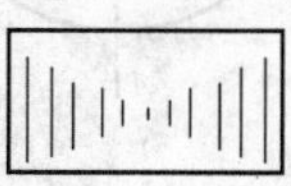	玻璃及供观察用的其他透明材料	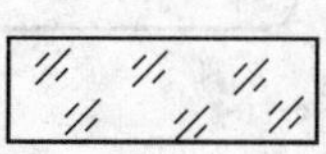	液体	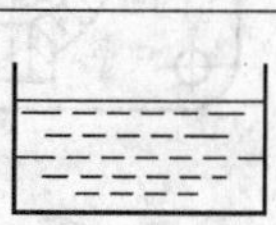

（续）

材料	图例	材料	图例	材料	图例
线圈绕组元件		砖		木质胶合板 （不分层数）	
混凝土		基础周围的 泥土		格网（筛网、 过滤网等）	

由表5-1可知，金属材料的剖面符号为一组间隔相等、方向相同且平行的细实线（称为剖面线），通用剖面线用细实线绘制，与主要轮廓线成45°角。

4. 剖视图的配置

剖视图应首先考虑配置在基本视图的方位，当难以按基本视图的方位配置时，也可按投影关系配置在相应位置上，必要时才考虑配置在其他适当位置。

5. 剖视图的标注

为便于读图，剖视图应进行标注，以标明剖切位置和指示视图间的投影关系。

剖视图的标注有如下三个要素。

1）剖切符号是指示剖切面起、讫和转折位置（用粗实线的短画表示）及投射方向在剖切符号的起、止及转折处用字母表示剖切面的名称。

2）投影方向为在剖切符号的起、讫位置的外侧用箭头表示投射方向。

3）剖视图名称注写在剖视图的上方用大写拉丁字母 $X—X$ 表示。

剖视图的标注方法可分为三种情况，即全标、不标和省标。

1）全标是指上述三要素全部标出，这是基本规定，如图5-17a中 $A—A$。

2）不标是指上述三要素均不必标注。但是，必须同时满足三个条件方可不标，即：单一剖切平面通过机件的对称平面或基本对称平面剖切；剖视图按投影关系配置；剖视图与相应视图间没有其他图形隔开。图5-17b同时满足了三个不标条件，故未加任何标注。

3）省标是指仅满足不标条件中的后两个条件，则可省略表示投射方向的箭头，如图6-17c所示。

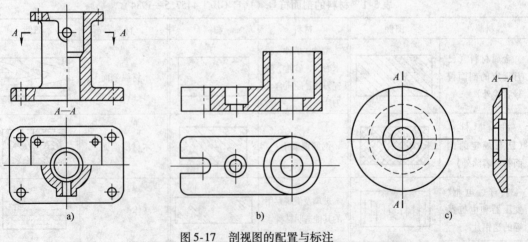

图5-17 剖视图的配置与标注

四、任务实施

根据以上的分析，绘制出机件的视图，其中的主视图为全剖视图，如图5-18所示。
其中图5-18a为带有标注的全剖视图，由于符合省略标注的条件，所以可以画成图5-18b。

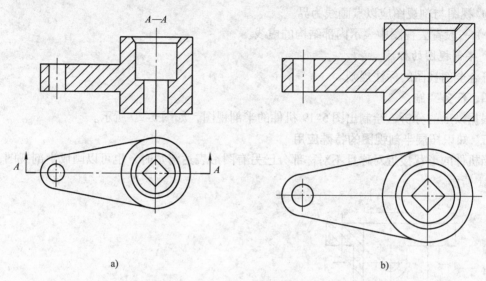

图5-18　表达机件的视图

a）带有标注的全剖视图　b）省略标注的全剖视图

任务2　绘制机件的半剖视图

知识点：
掌握半剖视图的定义、画法、配置和标注。

技能点：
会合理运用半剖视图表达机件。

一、任务引入

如图5-19所示为某机件的剖切立体图，试分析其结构特点，并选定合理的视图表达方案。

二、任务实施

如图6-19所示的机件内、外形状都比较复杂，且机件前后、左右都对称。此时，既要表达机件的内部形状，又要保留其外部形状，可以采用半剖视图的表达方法。

三、知识准备

1. 半剖视图的概念

在剖视图当中，如果机件具有对称平面时，可以在同一个视图中用半个视图反映机件的外部形状，半个视图反映机件的内部形

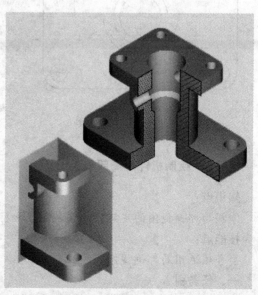

图5-19　机件的剖切立体图

机械识图与测量

状。这种以对称平面为界一半画成视图，另一半画成剖视的剖视图称为半剖视图。

2. 半剖视图的画法

1）机件对称或基本对称方可采用半剖视图。

2）视图与剖视图应以点画线为界。

3）一般省去视图中表示内部结构的虚线。

3. 半剖视图的标注

符合全剖视图的标注规则。

四、任务实施

根据以上的分析，绘制出图 5-19 机件的半剖视图，如图 5-20 所示。

五、知识拓展半剖视图的特殊应用

当机件的形状接近对称且不对称部分已另有图形表达清楚时，也可以画成半剖视图，如图 5-21 所示。

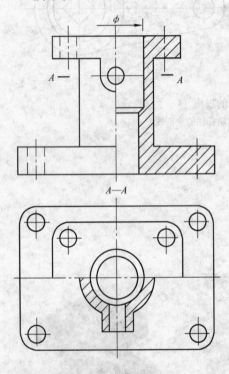

图 5-20　机件的半剖视图

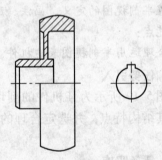

图 5-21　基本对称机件的半剖视图

任务 3　绘制机件的局部剖视图

知识点：

掌握局部剖视图的定义、画法、配置和标注。

技能点：

会合理运用局部剖视图表达机件。

一、任务引入

图 5-22 为某机件的剖切立体图，试分析其结构特点，并选定合理的视图表达方案。

二、任务分析

如图 5-22 所示，如果将该机件画成全剖视图，则无法表达机件的外部形状；该机件又不适合采用半剖视图，为了清晰地反映机件的整体形状，可以将要表达的部位局部剖切开。

三、知识准备

1. 局部剖视图的概念

用剖切面局部剖切开机件所得到的剖视图，称为局部剖视图。

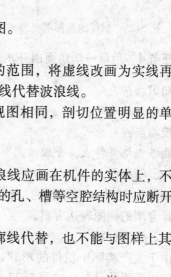

图 5-22　机件的剖切立体图

2. 局部剖视图的适用情况

1）需要表达的内部结构范围较小。

2）需要保留外形而不宜采用全剖视图。

3）因机件对称位置有一轮廓线而不适合采用半剖视图。

3. 局部剖视图的画法与标注

（1）局部剖视图的画法　用波浪线表示局部剖视图的范围，将虚线改画为实线再画上剖面线。当被剖切的结构为回转体时，允许将该结构的轴线代替波浪线。

（2）局部剖视图的标注　局部剖视图的标注与全剖视图相同，剖切位置明显的单一剖切面的局部剖视图，一律省略标注。

4. 画局部剖视图时应该注意的问题

1）局部剖视图和视图之间可用细波浪线分界，细波浪线应画在机件的实体上，不能超出实体的轮廓线，也不能画在机件的中空处，遇到机件上的孔、槽等空腔结构时应断开波浪线，如图 5-23、图 5-24 所示。

2）细波浪线不应画在轮廓线的延长线上，不能用轮廓线代替，也不能与图样上其他图线重合，如图 5-24 所示。

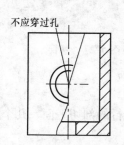
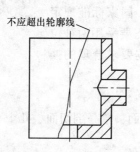
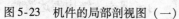
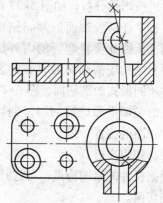

不应穿过孔　　不应超出轮廓线

图 5-23　机件的局部剖视图（一）　　　　图 5-24　机件的局部剖视图（二）

3）局部剖视图也可以双折线分界，如图 5-25 所示。

四、任务实施

根据以上的分析，绘制出如图 5-22 所示机件的局部剖视图，如图 5-26 所示。

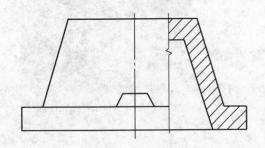

图 5-25　机件的局部剖视图（三）

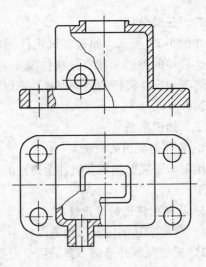

图 5-26　机件的局部剖视图（四）

任务 4　用单一剖切面剖开机件

知识点：

了解剖切面的种类。

技能点：

能根据机件特点，合理运用单一剖切面剖切机件。

一、任务引入

如图 5-27 所示为弯管的立体图，试分析其结构特点，并选择合理的视图表达方案。

二、任务分析

由于生产实际中机件的形状、结构千差万别，首先要对机件进行形体分析。如图 5-27 所示的弯管，它的上半部有不平行于任何投影面的倾斜结构，下半部结构位于一个剖切面上，因此要将弯管的内外形状和结构表达清楚，这就需要采用相应的剖切面完整的表达结构。国家标准规定了各种不同形式的剖切面，图 5-27 弯管就需要采用两种位置不同的剖切平面进行剖切，剖切后要根据要求合理的摆放其剖视图的位置。

图 5-27　弯管

三、知识准备

根据机件的结构特点，可选择以下剖切面：单一剖切面、几个平行的剖切平面、几个相交的剖切面。

弯管的上半部有不平行于任何投影面的倾斜结构，为了把这一结构表达清楚，可以采用不平行于基本投影面的倾斜剖切平面剖切该构件。

当机件的内部结构位于一个剖切面上时，用一个平面（或柱面）剖开机件，通常用平行于某个基本投影面的单一平面剖切。当机件具有倾斜的内部结构形状时（如图 5-27 所示的弯管），也可采用一个与倾斜部分的主要结构平行且垂直于某一基本投影面的单一剖切面剖切机件并投影，即可得到该部分内部结构的实形。

这种剖视图一般应与倾斜部分保持投影关系，如图 5-28a 所示。但也可以配置在其他位置。为了画图和读图方便，可以把视图转放正，但必须按规定标注，如图 5-28b 所示。

四、任务实施

弯管视图表达方案如图 5-28 所示。

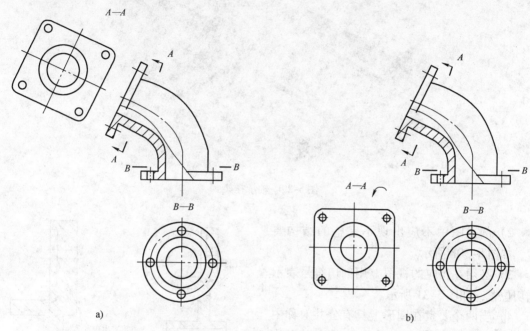

图 5-28　采用不平行于任何基本投影面的单一剖切面剖切

任务 5　用几个互相平行的剖切平面剖开机件

知识点：

了解采用几个互相平行的剖切平面剖切的视图特点。

技能点：

能根据机件特点，合理运用几个平行的剖切面剖切机件。

一、任务引入

如图 5-29 所示为轴承挂架，试分析其结构特点并确定合理的视图表达方案。

二、任务分析

如图 5-29 所示的轴承挂架，左右对称，如果用单一剖切面在机件的对称平面处剖开，则上部的两个小孔不能剖到。当机件上需要表达的内部结构排列在不同层面上时，可以考虑同时用多个互相平行的平面剖切机件，可同时将机件上、下两部分的内部结构表达清楚。

三、知识准备

用几个平行的剖切面剖切机件画剖视图时应注意的问题如下。

1）因为剖切面是假想的，所以不应画出剖切平面转折处的投影（转折线），如图 5-30a 所示。

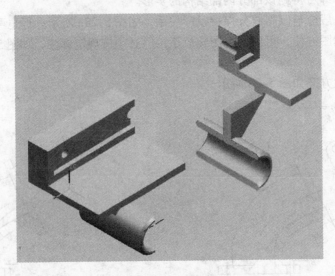

图 5-29 轴承挂架

2）剖视图中不应出现不完整的结构要素，如图 5-30b 所示。

3）必须在相应的视图上用剖切符号表示剖切位置，如图 5-31 所示。

4）当两个要素在图形上具有公共对称中心线或轴线时，可各画一半，此时应以对称中心线或轴线为界，允许剖切平面在中心线处转折，如图 5-32 所示。

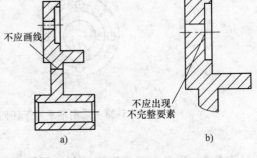

不应画线

不应出现
不完整要素

a)   b)

图 5-30 采用几个平行剖切面剖切时剖视图时应注意的问题

四、任务实施

用几个平行的剖切面剖切机件的作图方法如图 5-31 所示。

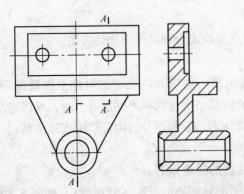

图 5-31 采用几个平行剖切面剖切时剖视图的画法

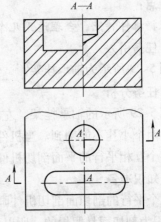

图 5-32 具有公共对称中心要素的剖视图

任务 6　用几个相交的剖切面剖开机件

知识点：

了解采用几个相交剖切面剖切的视图的特点。

技能点：

能根据机件特点，合理运用几个相交的剖切面剖切机件。

一、任务引入

如图 5-33 所示为法兰盘的剖切立体图，试分析其结构特点并确定合理的表达方案。

二、任务分析

法兰盘在结构上沿圆周方向均匀分布四个小螺孔，而且还有一个凸台且钻出通孔的结构都需要表达。若采用单一的剖切面，只能表达出圆盘的形状和两个相同的螺孔的形状，而无法表达出凸台的内部结构形状。此时可以考虑采用几个相交的剖切面同时剖切机件，就可以把以上几个结构形状都表达清楚。

图 5-33　法兰盘的剖切立体图

三、知识准备

用几个相交的剖切面（交线垂直于某一基本投影面）剖开机件，可以用来表达具有明显回转轴线的机件上分布在几个相交平面上的内部结构形状。标注方法如图 5-34 所示，应标注完整。

注意的问题：

1）画这种剖视图时，先假想按剖切位置剖开机件，然后将倾斜剖切平面剖开的结构及其有关部分旋转到与选定的投影面平行后再进行投影，剖切平面后面的其他结构一般仍按原位置投影。

2）当剖切后产生不完整要素时，应将此部分结构按不剖绘制，如图 5-35 所示。

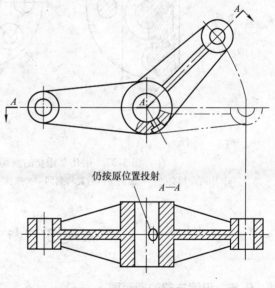

图 5-34　两相交的剖切面

3）标注中的箭头仅表示投影方向，与倾斜部分的旋转无关，如图 5-35、5-36 所示。

4）几个相交的剖切面可以是几个相交的平面，也可以是几个相交的平面和柱面的组合，如图 5-36 所示。

四、任务实施

用几个相交的剖切面剖切法兰盘的作图方法如图 5-37 所示。

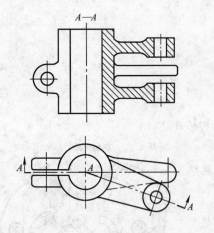

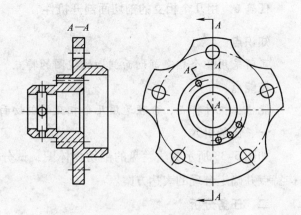

图 5-35　剖切后产生不完整要素按不剖绘制　　　　图 5-36　几个相交的剖切面

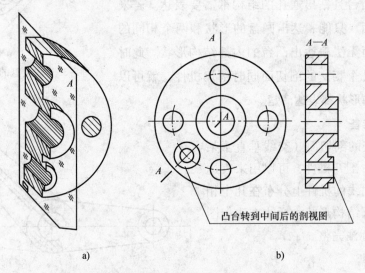

a)　　　　　　　　　　　　　　　　　b)

图 5-37　用几个相交的剖切面剖切机件的作图方法

a）用两个相交的正垂面剖切然后旋转到同一个平面上　b）采用几个相交剖切面剖切法兰盘的视图

课题 3　断　面　图

任务　识读支架的断面图

知识点：

1. 掌握断面图的概念和移出断面图的画法。

2. 了解断面图的种类。

技能点：

能识读断面图，并能正确区分断面图。

一、任务引入

识读如图 5-38 所示的支架的表达方法。

二、任务分析

在机械工程中，有些架类、轴类、杆类和肋板类机件需要反映其不同位置断面的形状，如图 5-38 所示支架的底板、肋板、支架的断面形状都不相同，要清楚的表达各部分的断面形状，我们假想用剖切面把物体的某处切断，仅画出该剖切面与机件接触部分的图形并画上剖面符号，这种图就是断面图。要求能够根据图中的断面图摆放位置不同，说明断面图的种类。

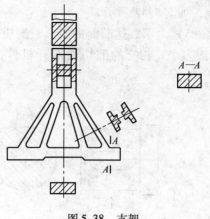

图 5-38　支架

三、知识准备

1. 断面图的概念与种类

用剖切平面假想将机件某处切断，仅画出该剖切面与机件接触部分的图形，称为断面图，也称断面。断面图分为移出断面图和重合断面图。

断面图与剖视图的区别如图 5-39 所示。

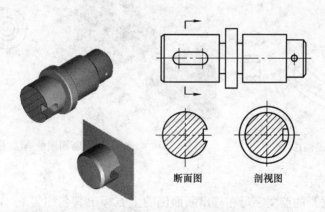

断面图　　　剖视图

图 5-39　断面图与剖视图的区别

2. 移出断面图

移出断面图的画法：

1）移出断面图的轮廓线用粗实线绘制，如图 5-40 所示。

2）移出断面图尽量配置在剖切线的延长线上，如图 5-40 所示。

3）当剖切平面通过由回转面形成的孔或凹坑等结构的轴线时，这些结构应按剖视图绘制，如图 5-41 所示。

4）当剖切平面经过非圆孔，会导致出现完全分离的剖面区域时，这些结构应按剖视图绘

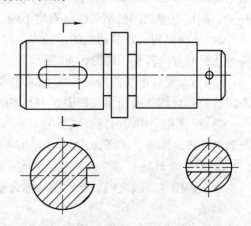

图 5-40　断面图的画法（一）

制，如图 5-42 所示。

5）为了表达断面的实形，剖切平面应与机件的主要轮廓线垂直，必要时可采用两个（或多个）相交的剖切面剖开机件，这种移出断面图中间应用波浪线断开，如图 5-43 所示。

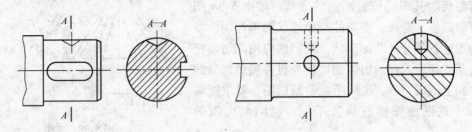

图 5-41　断面图的画法（二）

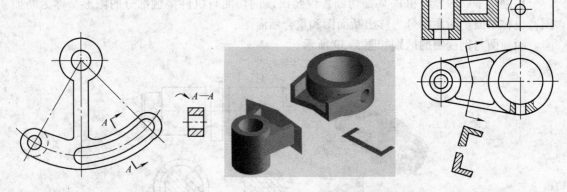

图 5-42　断面图的画法（三）　　　　图 5-43　断面图的画法（四）

移出断面图的标注：

1）一般应用大写的英文字母在移出断面图的上方标出其名称"$X—X$"，在相应的视图上用剖切符号表示剖切位置，用箭头表示投射方向，并标注相同的字母，如图 5-38 中的 $A—A$，剖切符号之间的剖切线可省略不画。

2）当断面图画在剖切线的延长线上时，对称的图形可省略标注，若不对称应标注剖切符号及投射方向箭头，如图 5-40 所示。

3）不配置在剖切符号延长线上的对称移出断面，如图 5-38 中的 $A—A$，以及按投影关系配置的不对称移出断面，如图 5-44b 中所示的 $A—A$，均可省略箭头。

4）配置在剖切符号延长线上的对称移出断面，如图 5-44a 所示，以及配置在视图中断处的对称移出断面，如图 5-45 所示，均不必标注。

3. 重合断面图

画在视图轮廓线之内的断面图，称为重合断面图。

画法：

重合断面图的轮廓线用细实线绘制，且不得影响视图中的轮廓线。当视图的轮廓线与重合断面的图形重叠时，视图中的轮廓线仍应连续画出，不可间断。

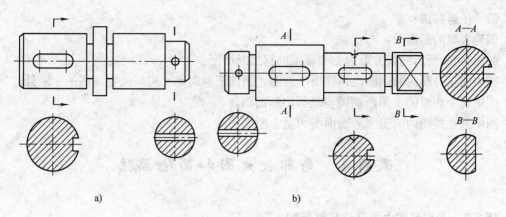

图 5-44 断面图的标注

标注：

1）对称的重合断面图不必标注，如图 5-46 所示。

2）不对称的重合断面，要画出剖切符号和箭头，可以省略字母，如图 5-47 所示。

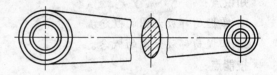

图 5-45 移出断面图的标注

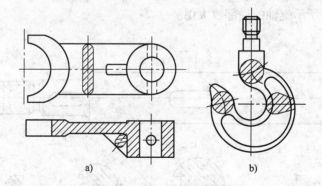

图 5-46 重合断面图的省略标注

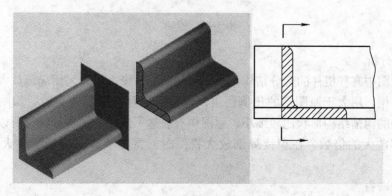

图 5-47 重合断面图的标注

四、任务实施

识读支架的断面图：

如图 5-39 所示的长方形为支架底板的移出断面图。

图中的正方形的断面图也是移出断面图，因该图形对称，可以画在视图的中断处。

图中两个相对的 T 形断面图也是移出断面图。

图中画在视图内的工字形断面图为重合断面图。

课题4 局部放大图和简化画法

任务1 用局部放大图表达机件结构

知识点：

1. 掌握局部放大图的概念。

2. 掌握局部放大图的概念。

技能点：

能识读局部放大图，并正确标注局部放大图。

一、任务引入

识读如图 5-48 所示键轴的局部放大图。

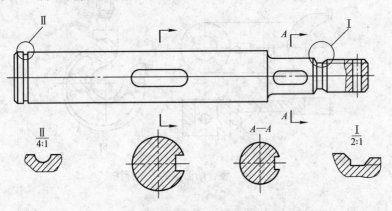

图 5-48 键轴

二、任务分析

在机械制图中有些机件的部分结构细小，为使图形清晰，可以采用局部放大的方法，将机件的部分结构，用大于原图形的比例画出，这种图形称为局部放大图。如图 5-48 所示，图中 I 和 II 处的沟槽结构形状比较细小，原图中有表达不清楚的结构形状，所以采用局部放大图，标出其放大的倍数。在识读局部放大视图时，要先了解识读局部放大视图的注意事项。

三、知识准备

识读局部放大图应注意的问题：

1）局部放大图可以画成视图，也可以画成剖视图或断面图，它与被放大部分的表示方法无关。局部放大图应尽量配置在被放大部位的附近。

2）当机件上被放大部分仅一个时，在局部放大图的上方只需注明所采用的比例。如图 5-49 所示。

3）同一机件上，不同部位的局部放大图相同或对称时，可只画出一个，如图 5-50 所示。

4）必要时可用几个图形来表达同一个被放大部位的结构，如图 5-51 所示。

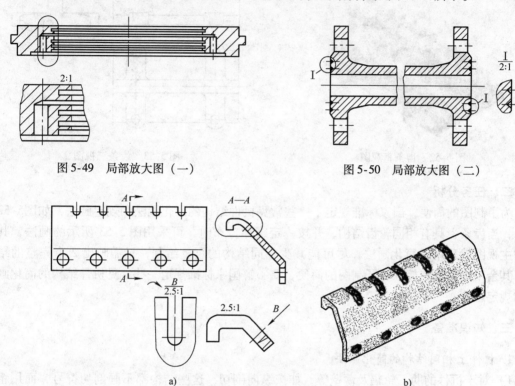

图 5-49　局部放大图（一）　　　　图 5-50　局部放大图（二）

图 5-51　局部放大图（三）

四、任务实施

如图 5-48 所示，图中Ⅰ和Ⅱ处的沟槽结构形状比较细小，原图中有表达不清楚的结构形状，所以采用局部放大图，Ⅰ处采用了 2∶1 比例绘制局部放大图，Ⅱ处采用了 4∶1 比例绘制局部放大图。

除了螺纹的牙型、齿轮、链轮的齿形外，应用细实线圈出被放大部位。

当同一机件上有几个被放大部位时，必须用罗马数字依次标明被放大的部位，并在局部放大图上方标出相应的罗马数字和所采用的比例。

任务 2　识读图样中的简化画法

知识点：
掌握简化画法的概念。

技能点：

1. 能识读常见机件的简化画法，能正确区分各种简化画法。

2. 能够正确运用简化画法表达机件。

一、任务引入

图 5-52 为齿条的直观图，识读如图 5-53 所示齿条的表达方法。

图 5-52　齿条直观图

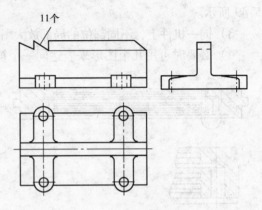

图 5-53　齿条三视图

二、任务分析

为了制图的简便，国家标准规定了一些常见机件结构的简化画法和规定画法，如图5-52所示，当齿条上具有相同轮齿结构，并按一定规律分布时，可采用图 5-53 所示的画法，其中的主视图就采用了简化画法，尽可能减少相同结构的重复绘制，只需画出 2 个完整的结构，其余用细实线连接。为了制图的简便，要了解国家标准规定一些常见机件结构的简化画法和规定画法。

三、知识准备

1. 机件上相同结构的简化画法

1）对于机件的肋、轮辐及薄壁等，如按纵向剖切，这些结构都不画剖切符号，而用粗实线将它们与邻接部分分开，如图 5-54a 所示。当零件回转体上均匀分布的肋、轮辐及孔等结构不处于剖切平面上时，可将这些结构旋转到剖切平面上画出，如图 5-54b 所示。

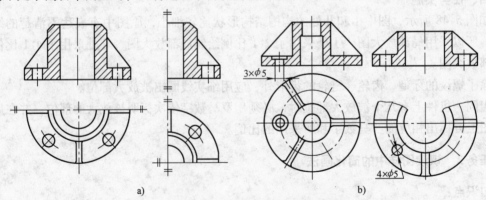

图 5-54　机件的肋、轮辐及薄壁等的简化画法

a）对称机件的简化画法　b）回转体上肋、孔的简化画法

2）当机件具有若干直径相同且成规律分布的孔（圆孔、螺孔、沉孔等）时，可以仅画出一个或几个，其余只需表示其中心位置，如图 5-55 所示。

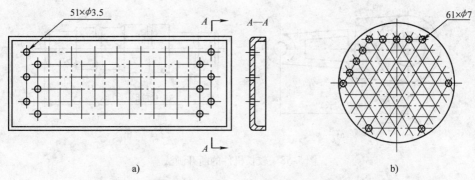

图 5-55　机件上直径相同且成规律分布孔的简化画法

3）当机件上具有相同结构（齿、槽等），并按一定规律分布时，应尽可能减少相同结构的重复绘制，只需画出几个完整的结构，其余用细实线连接，如图 5-56 所示。

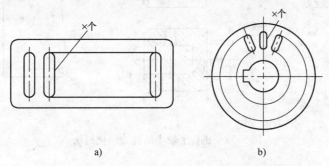

图 5-56　机件上具有相同齿、槽结构的简化画法

4）网状物、编织物或机件的滚花部分，可在轮廓线附近用细实线局部画出的方法表示，也可省略不画，如图 5-57 所示。

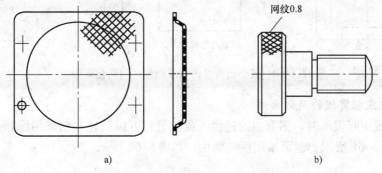

图 5-57　机架滚花部位的简化画法

5）较长机件（轴、杆、型材、连杆）沿长度方向的形状一致或按一定规律变化时，可以断开后缩短绘制，但尺寸仍按机件的设计要求标注，如图 5-58 所示。

2. 机件上较小结构的简化画法

1）当机件上较小结构及斜度已在一个图形中表达清楚时，其他图形可简化或省略，如图 5-59 所示。

2）除确属需要表示的某些结构圆角外，其他圆角（或倒角）在零件图中均可不画，但必须注明尺寸，或在技术要求中加以说明，如图 5-60 所示。

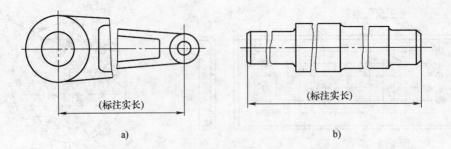

a)   b)

图 5-58   较长机件的断开画法

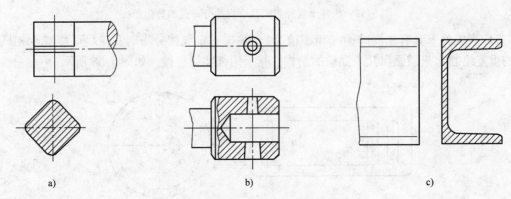

a)   b)   c)

图 5-59   机件上较小结构的简化画法

锐边侧圆R0.5

图 5-60   较小结构（圆角或倒角）的简化画法

3. 过渡线或相贯线的简化画法

1）在不致引起误解时，图形中的过渡线或相贯线可以简化。例如用圆弧或直线代替非圆曲线，如图 5-61 所示，也可采用模糊画法，如图 5-62 所示。

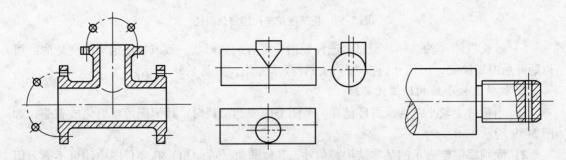

图 5-61   过渡线和相贯线的简化画法

2）与投影面倾斜角度小于或等于 30°的圆角或圆弧，其投影可用圆或圆弧代替真实投影的椭圆，如图 5-63 所示。

4. 用符号表示的简化画法

当图形不能充分表达平面时，可用平面符号（相交的两细实线）表示，如图 5-64 所示。

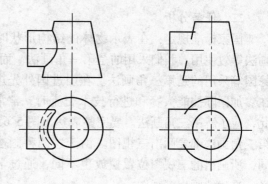

a)　　　　　　　　b)

图 5-62　相贯线的模糊画法

a）简化前　b）简化后

四、任务实施

图 5-52 所示的齿条上有多个齿，在图 5-53 所示的齿条的主视图中只画出了两个齿，并标明齿条的总数"11 个"，这是采用了国家标准规定的相关简化画法。

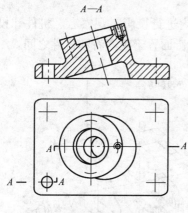

图 5-63　椭圆的简化画法

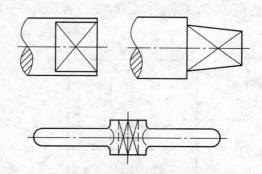

图 5-64　用符号表示的简化画法

国家标准规定：当机件具有若干个相同结构（如齿、槽等），并按一定规律分布时，只需画出几个完整的结构，其余用细实线连接，但在图中必须注明该结构的总数。

课题 5　第三角画法

任务　识读第三角画法

知识点：

1. 掌握第三角画法的概念和第三角投影关系的特点。

2. 了解第三角画法识别符号。

技能点：

能识读简单的第三角画法视图。

一、任务引入

绘制如图 5-65 所示实体的三视图，分别采用第一角画法和第三角画法。

二、任务分析

国家标准规定：在表示物体的结构形状时，第一角画法和第三角画法等效使用。我们采用的是第一角画法。而一些国家如英国、美国、德国等采用的是第三角画法。在引进国外先进技术和先进设备时，或在参加国际技能大赛和进行技术交流时，常常涉及这方面的知识，因此，应了解第三角画法。要完整表达出图 5-65 实体图的内外部结构，无论用第一角画法和第三角画法都要画出三视图。由于这两种画法观察者、机件和投影面的相互位置关系不相同，所画出的三视图位置摆放也不同，通过学习第三角画法知识，分清基本视图的配置关系，准确地画出三视图。

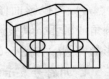

图 5-65　实体图

三、知识准备

1. 第三角画法概述

如图 5-66 所示，用三个相互垂直的平面将空间分为八个分角，分别称为第一分角（Ⅰ）、第二分角（Ⅱ）、第三分角（Ⅲ）、…、。

如图 5-67 所示，第三角画法是将机件置于第三角内进行投影。观察者、机件和投影面的相互位置关系是：观察者——投影面——机件。即投影面置于观察者和机件之间。

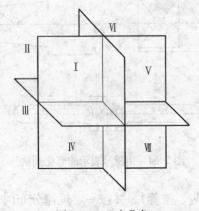

图 5-66　八个分角

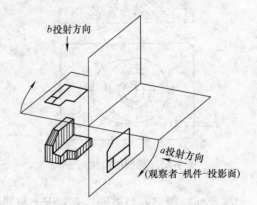

图 5-67　第三角画法投影关系

如图 5-68 所示，将机件置于第三角内，按投影法规定的六个基本投射方向进行投射，得到六个基本视图，按图示的方法展开后，即形成图 5-69 所示的第三角画法的基本视图。

2. 第三角画法基本视图的配置关系

第三角画法基本视图的配置关系是：俯视图位于主视图的上方。

仰视图位于主视图的下方。

左视图位于主视图的左侧。

右视图位于主视图的右侧。

后视图位于右视图的右侧。

3. 第一角和第三角的识别符号

如图 5-70 所示，是第一角画法的识别符号，采用第一角画法时，一般不必画出识别符号；如图 5-71 所示，是第三角画法的识别符号，在采用第三角画法时，必须在图样中画出识别符号。

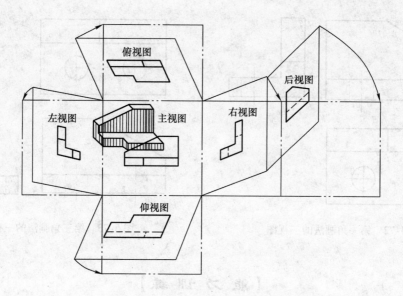

图 5-68　第三角画法投影面的展开

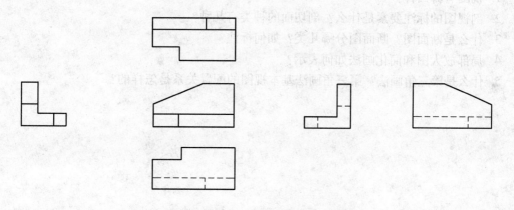

图 5-69　第三角画法的基本视图

图 5-70　第一角画法的识别符号　　　　　图 5-71　第三角画法的识别符号

四、任务实施

根据图 5-56 所示实体的第一角画法的三视图如图 5-72 所示，绘制其第三角画法的三视图，如图 5-73 所示。

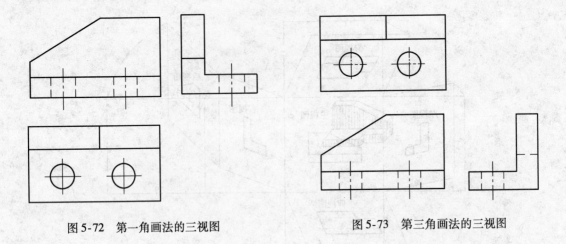

图 5-72　第一角画法的三视图　　　　　　　图 5-73　第三角画法的三视图

【能 力 训 练】

1. 视图有哪四种?
2. 剖视图的标注要素是什么? 剖切面的种类有几种?
3. 什么是断面图? 断面图分哪几类? 如何标注?
4. 局部放大图和简化画法如何表示?
5. 什么是第三角画法? 第三角画法基本视图的配置关系是怎样的?

模块 6   标准件的表示方法

课题 1   螺纹及螺纹紧固件

任务 1   绘制螺纹并标注

知识点：

1. 了解螺纹的结构及基本要素。
2. 了解螺纹的标记。

技能点：

能够正确绘制螺纹并标注。

一、任务引入

绘制螺栓、螺母、垫圈的视图如图 6-1 所示，要求正确绘制螺纹并标注，符合制图国家标准的有关规定。

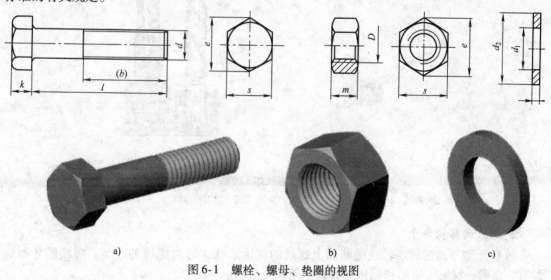

图 6-1   螺栓、螺母、垫圈的视图

a) 螺栓   b) 螺母   c) 垫圈

二、任务分析

观察图 6-1 螺栓、螺母、垫圈的视图会发现，如果我们用三视图来绘制该图没有图 6-1 所示的简洁明了。国家标准给出了一种标准件的简化画法（图 6-1）。按尺寸来源不同，可以用比例画法或查表画法两种方法来绘制。绘制图 6-1 时，需要我们了解螺纹的结构及结构要素，掌握螺纹的规定画法和标注方法的相关知识。虽然已经标准化了的螺纹紧固件一般并不需要单独画出它们的零件图，但由于在零件联接中被广泛应用，在装配图中画它们的机会很多，因此，必须熟练掌握其画法和标注才能为将来绘制螺纹联接件（螺栓联接、螺柱联

接、螺钉联接等）打下良好的基础。

三、知识准备

1. 螺纹的形成

螺纹是圆柱或圆锥表面上沿着螺旋线所形成的具有规定牙型的连续凸起和沟槽。螺纹按外形分为外螺纹和内螺纹，如图 6-2 所示。

外螺纹是圆柱（圆锥）外表面上的螺纹。

内螺纹是圆柱（圆锥）内表面上的螺纹。

外螺纹采用车制（图 6-3a）或板牙（图 6-3c）铰制而成，内螺纹采用车制（图 6-3b）或丝锥（图 6-3d）切削。

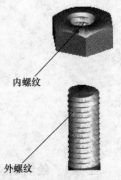

图 6-2　螺纹

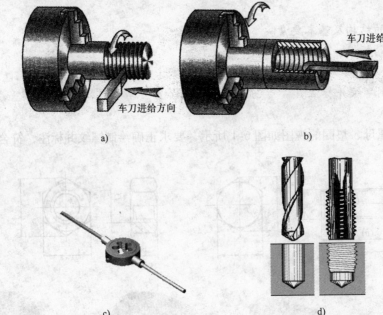

图 6-3　螺纹加工方法

a）车床加工外螺纹　b）车床加工内螺纹　c）板牙（用于加工外螺纹）　d）丝锥加工内螺纹

2. 螺纹的结构要素

（1）牙型　通过螺纹轴线的断面上螺纹的轮廓形状，称为螺纹的牙型。螺纹的牙型通常有三角形、梯形、矩形和锯齿形等，如图 6-4 所示。

（2）公称直径　公称直径是代表螺纹尺寸的直径，指螺纹大径的基本尺寸。螺纹的直径有三种，如图 6-5 所示。

大径——与外螺纹牙顶或内螺纹牙底相切的假想圆柱的直径，代号为 D（内螺纹）和 d（外螺纹）。

小径——与外螺纹牙底或内螺纹牙顶相切的假想圆柱的直径，代号为 D_1（内螺纹）和 d_1（外螺纹）。

中径——通过牙型上沟槽和凸起宽度相等处的一个假想圆柱的直径，代号为 D_2（内螺纹）和 d_2（外螺纹）。

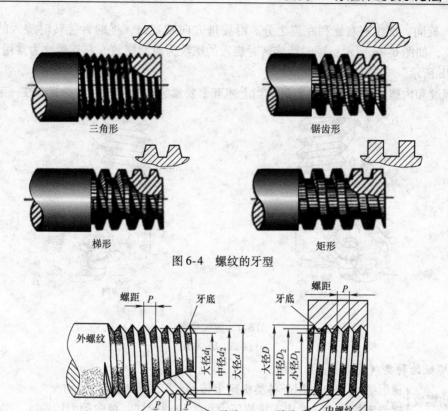

图 6-4　螺纹的牙型

三角形　　锯齿形

梯形　　矩形

图 6-5　螺纹的结构要素

a)外螺纹　b)内螺纹

（3）线数　螺纹有单线和多线之分，沿一条螺旋线形成的螺纹称为单线螺纹，如图 6-6a所示；沿两条以上螺旋线形成的螺纹称为多线螺纹，如图 6-6b 所示。

（4）螺距和导程　螺纹相邻两牙在中径线上对应点的轴向距离称为螺距，用 P 表示。同一条螺旋线上的相邻两牙在中径线上对应两点间的轴向距离称为导程，用 P_h 表示。单线螺纹的导程等于螺距（如图 6-6a 所示，$P_h = P$）；对于线数为 n 的多线螺纹，导程等于螺距的 n 倍（如图 6-6b 所示，$P_h = 2P$）。

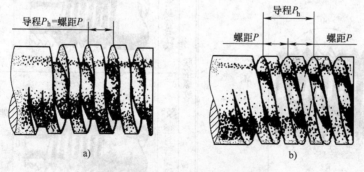

图 6-6　螺纹的线数、螺距和导程

（5）旋向　螺纹有右旋和左旋之分。沿旋进方向观察时，逆时针旋转时旋入的螺纹为左旋螺纹，如图6-7a所示；顺时针旋转时旋入的螺纹为右旋螺纹，右旋螺纹为常用的螺纹，如图6-7b所示。

外螺纹和内螺纹成对使用，但只有当上述五个要素完全相同时，才能旋合在一起。

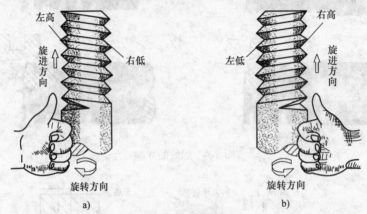

图6-7　螺纹旋向

a）左旋　b）右旋

3. 螺纹的种类（见表6-1）

传动螺纹 { 梯形螺纹 Tr：常用于各类机床上传动丝杠，双向动力传动。

锯齿形螺纹 B：常用于螺旋压力机的传动丝杠，单向动力传动。

联接螺纹 { 普通螺纹 M：分为粗牙和细牙，一般联接用粗、薄壁件用细。

圆柱管螺纹 G、Rp：常用于管线、管道联接。

圆锥管螺纹 Rc、R_1 或 R_2 常用于管线、管道联接。

表6-1　常用螺纹的种类

螺纹分类	螺纹种类	外形及牙型图	螺纹特征代号	螺纹分类	螺纹种类	外形及牙型图	螺纹特征代号
联接螺纹	粗牙普通螺纹	60°	M	联接螺纹	55° 非密封管螺纹	55°	G
	细牙普通螺纹				55° 密封管螺纹	55°	R_1 或 R_2（圆锥外螺纹） Rp（圆柱内螺纹，与 R_1 配合） Rc（圆锥内螺纹，与 R_2 配合）

（续）

螺纹分类	螺纹种类	外形及牙型图	螺纹特征代号	螺纹分类	螺纹种类	外形及牙型图	螺纹特征代号
传动螺纹	梯形螺纹	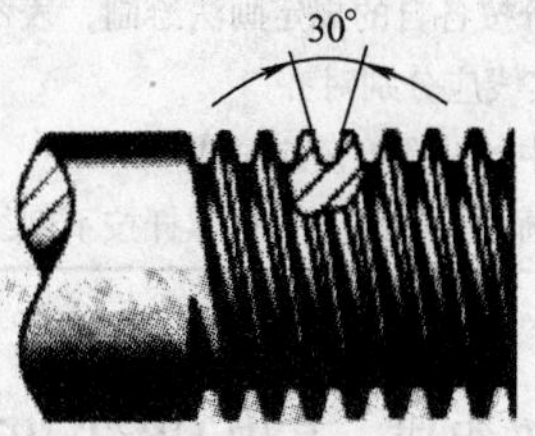	Tr	传动螺纹	锯齿形螺纹	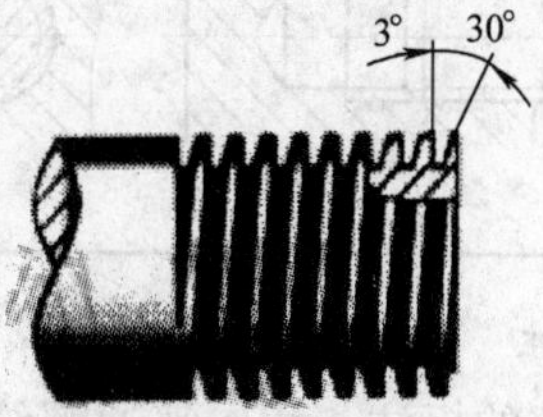	B

注：1. 管螺纹分为英寸制管螺纹和米制管螺纹两大类。其中，英寸制管螺纹按牙型又可分为 55° 管螺纹和 60° 管螺纹两种。

　　2. 管螺纹按密封性又可分为密封管螺纹和非密封管螺纹。密封管螺纹的螺纹副有"锥/锥"配合和"柱/锥"配合两种。非密封管螺纹不具备密封功能，只用于普通管路联接，其螺纹副只有"柱/柱"配合一种。

4. 螺纹的表示法（摘自 GB/T 4459.1—1995）

分析螺纹的结构要素，按国标规定的螺纹画法，分别绘制内、外螺纹及螺纹的旋合图见表 6-2。

表 6-2　螺纹的规定画法

名　称	规定画法	说　明
外螺纹	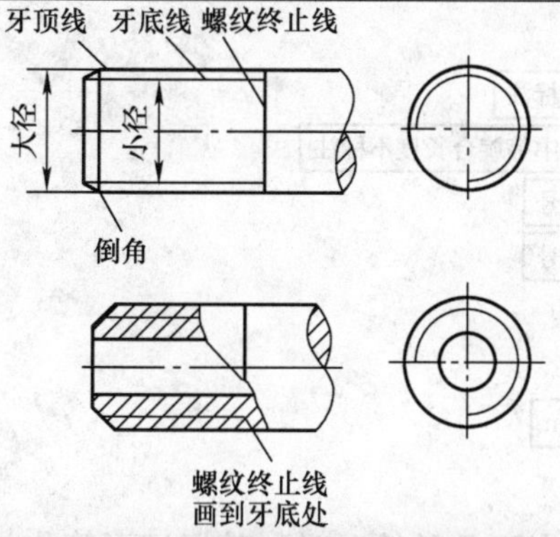	1. 牙顶线（大径）用粗实线表示 2. 牙底线（小径）用细实线表示，在螺杆的倒角或倒圆部分也应画出，剖面线画到牙顶粗实线处 3. 投影为圆的视图中，表示牙底的细实线圆只画约 3/4 圈，此时轴上的倒角圆省略不画 4. 螺纹终止线用粗实线表示
内螺纹	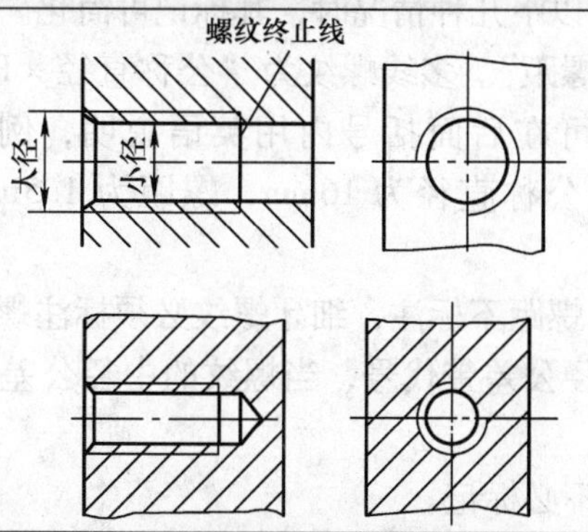	1. 在剖视图中，螺纹牙顶线（小径）用粗实线表示，牙底线（大径）用细实线表示；剖面线画到牙顶线粗实线处 2. 在投影为圆的视图中，牙顶线（小径）用粗实线表示，表示牙底线（大径）的细实线圆只画约 3/4 圈；孔口的倒角圆省略不画
螺纹牙型	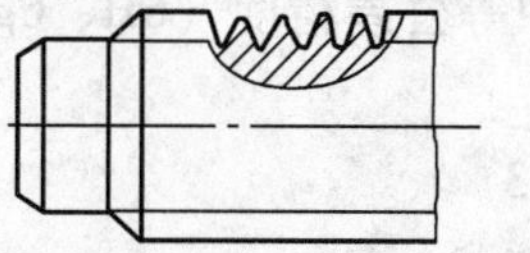	当需要表示螺纹牙型时，可采用剖视或局部放大图画出几个牙型

（续）

名　称	规定画法	说　明
螺纹旋合	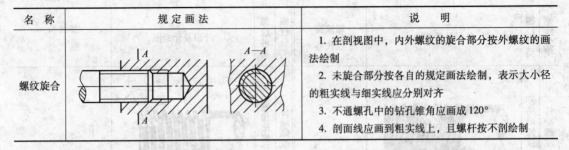	1. 在剖视图中，内外螺纹的旋合部分按外螺纹的画法绘制 2. 未旋合部分按各自的规定画法绘制，表示大小径的粗实线与细实线应分别对齐 3. 不通螺孔中的钻孔锥角应画成120° 4. 剖面线应画到粗实线上，且螺杆按不剖绘制

5. 螺纹的标注

（1）普通螺纹的标注　我国普通螺纹系列标准由 10 项标准组成，其中 GB/T 197—2003《普通螺纹　公差》规定了普通螺纹的标记。普通螺纹的完整标记由螺纹特征代号、尺寸代号、螺纹公差带代号、螺纹旋合长度代号和旋向代号五部分组成。如：

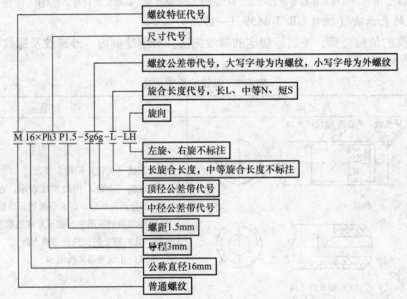

上述示例是普通螺纹的完整标记，当遇有以下几种情况时，其标记可简化。

1）尺寸代号。单线螺纹为"公称直径×螺距"。多线螺纹为"公称直径×Ph 导程 P 螺距"，如果需进一步表明多线螺纹的线数，可在后面括号内用英语说明，例如：M16 × Ph3P1.5 或 M16 × Ph3P1.5（two starts）表示公称直径为 16mm，螺距为 1.5mm，导程为 3mm 的双线普通螺纹。

普通螺纹分粗牙和细牙两种，粗牙螺纹的螺距不标注，细牙螺纹必须标注螺距。

2）公差带代号包括中径公差带代号和顶径公差带代号，当螺纹的中径公差带代号和顶径公差带代号相同时，可只注一个代号。

3）旋合长度用代号表示，中等旋合长度不必标记。

当螺纹紧固件公称直径大于或等于 1.6mm，中等公差精度（6H、6g），中等旋合长度（N），可不标注公差带代号和旋合长度。

普通螺纹的牙型及在图样上的标注示例见表 6-3。

表 6-3 普通螺纹的标注

标注示例	牙 型	说 明
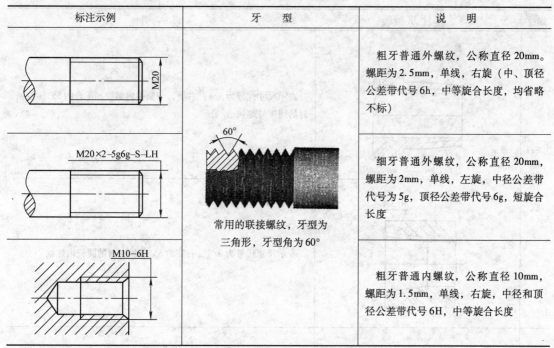		粗牙普通外螺纹，公称直径 20mm。螺距为 2.5mm，单线，右旋（中、顶径公差带代号 6h，中等旋合长度，均省略不标）
M20×2—5g6g—S—LH	常用的联接螺纹，牙型为三角形，牙型角为 60°	细牙普通外螺纹，公称直径 20mm，螺距为 2mm，单线，左旋，中径公差带代号为 5g，顶径公差带代号 6g，短旋合长度
M10—6H		粗牙普通内螺纹，公称直径 10mm，螺距为 1.5mm，单线，右旋，中径和顶径公差带代号 6H，中等旋合长度

注：机械图样上普通螺纹的标注是将规定标记注写在尺寸线或尺寸线的延长线上，尺寸线的箭头指向螺纹大径。

（2）管螺纹的规定标记　国家标准规定，55°和 60°密封管螺纹的标记由螺纹特征代号、尺寸代号和旋向（右旋不标）三部分组成。因为中径公差有 A 级、B 级之分，55°非密封管螺纹外螺纹的标记在上述内容基础上增加了公差等级代号标记。A 级的精度比 B 级高。内螺纹由于无公差等级之分，也就无公差等级标记。

各种管螺纹的尺寸代号都不是螺纹的大径，而近似地等于管子的孔径，不标注螺距。管螺纹标注在引出线上，引出线应由大径处引出。管螺纹的标注示例见表 6-4。

55°密封管螺纹标注：

螺纹特征代号	尺寸代号	旋向代号

55°非密封管螺纹标注：

螺纹特征代号	尺寸代号	公差等级代号	—	旋向代号

外螺纹公差等级分为 A 级和 B 级两种，标注在以省略标注。

管螺纹的标注示例，见表 6-4。

表 6-4 管螺纹标注示例

螺纹	标注示例	说 明
55° 密封管螺纹	Rp1LH	表示尺寸代号为 1，左旋的 55°螺纹密封的圆柱内螺纹

（续）

螺纹	标 注 示 例	说　　明
55° 密 封 管 螺 纹	R₂3/4	表示尺寸代号为3/4，右旋，与圆锥内螺纹相配合的55°螺纹密封的圆锥外螺纹
	Rc3/4	表示尺寸代号为3/4，右旋的55°螺纹密封的圆锥内螺纹
55° 非 密 封 管 螺 纹	G1	表示尺寸代号为1，右旋的55°非螺纹密封的圆柱内螺纹
	G3/4B–LH	表示尺寸代号为3/4，左旋的55°非螺纹密封的B级圆柱外螺纹

（3）梯形螺纹和锯齿形螺纹的规定标注　GB/T 5796.4—2005《梯形螺纹　第四部分：公差》规定了梯形螺纹的标注，GB/T 13576.4—2008《锯齿形（3°、30°）螺纹　第四部分：公差》规定了锯齿形螺纹的标注，完整标记为：

螺纹特征代号	公称直径	×	导程（P螺距）	旋向	中径公差带代号	旋合长度代号

与普通螺纹的标注类似，不同之处在于：

1）梯形螺纹、锯齿形螺纹公差带代号仅包含中径公差带代号。

2）旋合长度只有中等旋合长度和长旋合长度。

梯形螺纹和锯齿形螺纹的牙型及在图样上的标注示例见表6-5。

表 6-5　梯形螺纹和锯齿形螺纹的标注示例

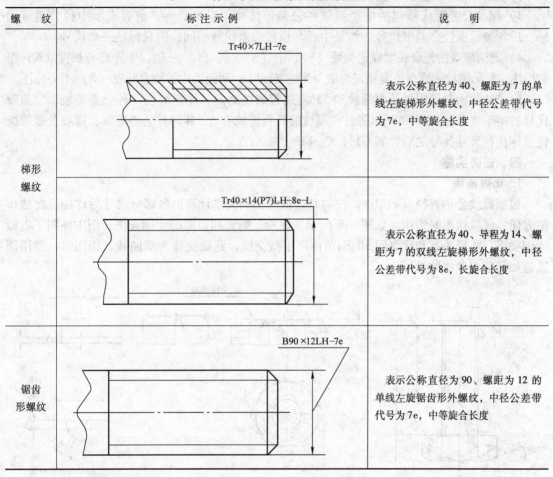

螺　纹	标注示例	说　明
梯形螺纹	Tr40×7LH-7e	表示公称直径为 40、螺距为 7 的单线左旋梯形外螺纹，中径公差带代号为 7e，中等旋合长度
	Tr40×14(P7)LH-8e-L	表示公称直径为 40、导程为 14、螺距为 7 的双线左旋梯形外螺纹，中径公差带代号为 8e，长旋合长度
锯齿形螺纹	B90 ×12LH-7e	表示公称直径为 90、螺距为 12 的单线左旋锯齿形外螺纹，中径公差带代号为 7e，中等旋合长度

（4）非标准螺纹的标注　对于非标准螺纹，应画出螺纹的牙型，并注出所需要的尺寸及有关要求，如图 6-8 所示。

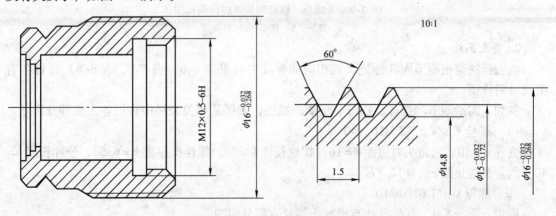

图 6-8　非标准螺纹的标注

（5）标注螺纹标记时的注意事项

1）普通螺纹的螺距有粗牙和细牙两种，粗牙螺距不标注，细牙必须注出螺距。

2）左旋螺纹要注写 LH，右旋螺纹不注。

3）螺纹公差带代号包括中径和顶径公差带代号，如 5g、6g，前者表示中径公差带代号，后者表示顶径公差带代号。如果中径与顶径公差代号相同，则只标注一个代号。

4）普通螺纹的旋合长度规定为短（S）、中（N）、长（L）三组，中等旋合长度（N）不必标注。梯形螺纹的旋合长度规定为中（N）、长（L）两组，中等旋合长度（N）不必标注。

5）55°非密封管螺纹的内螺纹和 55°密封管螺纹的内、外螺纹仅一种公差等级，公差带代号省略不注，如 Rc1。55°非密封和螺纹的外管螺纹有 A、B 两种公差等级，螺纹公差等级代号标注在尺寸代号之后，如 G1½ A—LH。

四、任务实施

1. 比例画法

根据螺纹公称直径 (d, D)，按与其近似的比例关系计算出各部分尺寸后作图。此法作图方便，画联接图时常用。如图 6-9 所示为螺栓、螺母和垫圈的比例画法，图中注明了近似比例关系。螺栓头部和螺母因 30°倒角而产生截交线，此截交线为双曲线，作图时，常用圆弧近似代替双曲线的投影。

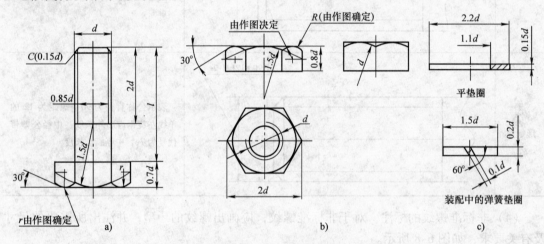

图 6-9　为螺栓、螺母和垫圈的比例画法

a）螺栓　b）螺母　c）垫圈

2. 查表画法

查表画法是根据紧固件标记，在相应的标准中（见表 6-6、表 6-7、表 6-8）查得各有关尺寸后作图。

例如，需绘制下列螺栓、螺母、垫圈的视图，则可从相关表格中查得各主要部分尺寸。

（1）螺栓 GB/T 5782 M10×40

直径 $d = 10$，六角头对边距 $s = 16$，螺纹长度 $b = 26$，螺栓头厚度 $k = 6.58$，公称长度 $l = 40$，六角头对角距 $e_{min} = 17.77$。

（2）螺母 GB/T 6170 M10

厚度 $m_{max} = 8.4$，其他尺寸与螺栓头部对应部分相同。

外径 $d_2 = 20$，内径 $d_1 = 10.5$，厚度 $h = 2$。

根据上述尺寸，即可绘制它们的视图，如图 6-10 所示，图中的视图配置为一般表达所常用。

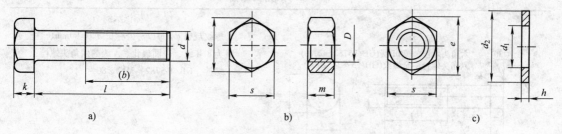

图6-10　螺栓、螺母、垫圈的视图
a）螺栓　b）螺母　c）垫圈

表6-6　平垫圈—A级（GB/T 97.1—2002）、**平垫圈倒角型—A型**（GB/T 97.2—2002）

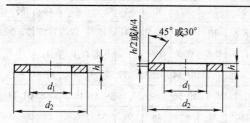

标记示例

标准系列，公称规格 d = 8mm、钢制、硬度等级为200HV级、不经表面处理、产品等级为A级的平垫圈；

垫圈　GB/T 97.1　8

mm

公称规格（螺纹大径 d）	2	2.5	3	4	5	6	8	10	12	16	20	24	30
内径 d_1	2.2	2.7	3.2	4.3	5.3	6.4	8.4	10.5	13	17	21	25	31
外径 d_2	5	6	7	9	10	12	16	20	24	30	37	44	56
厚度 h	0.3	0.5	0.5	0.8	1	1.6	1.6	2	2.5	3	3	4	4

表6-7　I型六角螺母（GB/T 6170—2000）

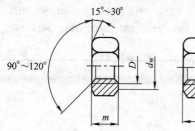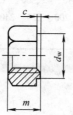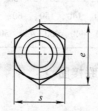

标记示例

螺纹规格 D = M12、性能等级为8级、不经表面处理、产品等级为A级的 I型六角螺母：螺母 GB/T 6170 M12

mm

螺纹规格 D		M3	M4	M5	M6	M8	M10	M12	M16	M20	M24	M30	M36
e（min）		6.01	7.66	8.79	11.05	14.38	17.77	20.03	26.75	32.95	39.55	50.85	60.79
s	（max）	5.5	7	8	10	13	16	18	24	30	36	46	55
	（min）	5.32	6.78	7.78	9.78	12.73	15.73	17.73	23.67	29.16	35	45	53.8
c（max）		0.4	0.4	0.5	0.5	0.6	0.6	0.6	0.8	0.8	0.8	0.8	0.8
d_w（min）		4.6	5.9	6.9	8.9	11.6	14.6	16.6	22.5	27.7	33.2	42.7	51.1
d_w（max）		3.45	4.6	5.75	6.75	8.75	10.8	13	17.3	21.6	25.9	32.4	38.9
m	（max）	2.4	3.2	4.7	5.2	6.8	8.4	10.8	14.8	18	21.5	25.6	31
	（min）	2.15	2.9	4.4	4.9	6.44	8.04	10.37	14.1	16.9	20.2	24.3	29.4

表 6-8　六角头螺栓

标记示例

螺纹规格 d = M12、公称长度 l = 80mm、性能等级为 8.8 级、表面氧化、A 级的六角头螺栓：

螺栓　GB/T 5782　M12×80

六角头螺栓—A和B级(GB/T5782—2000)
六角头螺栓—全螺纹(GB/T5783—2000)

mm

螺纹规格 d		M3	M4	M5	M6	M8	M10	M12	(M14)	M16	(M18)	M20	(M22)	M24	(M27)	M30	M36
s		5.5	7	8	10	13	16	18	21	24	27	30	34	36	41	46	55
k		2	2.8	3.5	4	5.3	6.4	7.5	8.8	10	11.5	12.5	14	15	17	18.7	22.5
r		0.1	0.2	0.2	0.25	0.4	0.4	0.6	0.6	0.6	0.6	0.6	1	0.8	1	1	1
e	A	6.01	7.66	8.79	11.05	14.38	17.77	20.03	23.36	26.75	30.14	33.53	37.72	39.98	—	—	—
	B	5.88	7.50	8.63	10.89	14.20	17.59	19.85	22.78	26.17	29.56	32.95	37.29	39.55	45.2	50.85	51.11
(b) GB/T 5782	$l \leq 125$	12	14	16	18	22	26	30	34	38	42	46	50	54	60	66	—
	$125 < l \leq 200$	18	20	22	24	28	32	36	40	44	48	52	56	60	66	72	84
	$l > 200$	31	33	35	37	41	45	49	53	57	61	65	69	73	79	85	97
l 范围 (GB/T 5782)		20~30	25~40	25~50	30~60	40~80	45~100	50~120	60~140	65~160	70~180	80~200	90~220	90~240	100~260	110~300	140~360
l 范围 (GB/T 5783)		6~30	8~40	10~50	12~60	16~80	20~100	25~120	30~140	30~150	35~150	40~150	45~150	50~150	55~200	60~200	70~200
l 系列		6、8、10、12、16、20、25、30、35、40、45、50、(55)、60、(65)、70、80、90、100、110、120、130、140、150、160、180、200、220、240、260、280、300、320、340、360、380、400、420、440、460、480、500															

任务 2　绘制螺纹紧固件联接图

知识点：

掌握螺栓联接、螺柱联接和螺钉联接的画法。

技能点：

能够绘制螺纹紧固件联接并进行标注。

一、任务引入

绘制螺纹紧固件的联接图，如图所示，要求符合制图国家标准的有关规定。

二、任务分析

观察图 6-11a 螺栓联接图会发现螺栓联接是由螺栓和螺母及垫圈联接而成的；图 6-11b 为双头螺柱联接，螺柱联接是由螺柱和螺母及垫圈联接而成的；图 6-11c 为螺钉联接，螺钉联接图就是将螺钉与一薄一厚两个联接件用螺纹联接画法串连在一起。我们可以采用比例画法或查阅手册的方法按照螺纹紧固件的比例或查出的具体尺寸画出联接图。

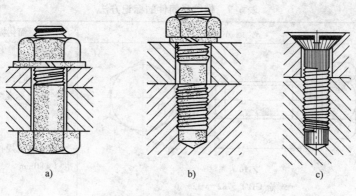

图 6-11　螺纹紧固件

三、知识准备

1. 常用螺纹紧固件的种类及标记

螺纹紧固的方式通常有螺栓联接，双头螺柱联接及螺钉联接。常见的紧固件有螺栓、双头螺柱、螺母、垫片及螺钉等，如图 6-12 所示。它们的结构、尺寸都已标准化。螺纹紧固件完整的标记方法按 GB/T 1237—2000 的规定书写，其格式为：

$$\boxed{名称}\ \boxed{标准代号}\ \boxed{型式与尺寸}—\boxed{材料的性能等级及热处理}—\boxed{表面处理}$$

例如"螺栓 GB/T5758 M10 × 1 × 100—8.8—Zn · D"表示细牙普通螺纹、直径 10、螺距 1、长度 100、机械性能 8.8 级、镀锌钝化、A 级的六角头螺栓。

当紧固件的型式、材料的性能等级或材料及热处理、表面处理相应标准只规定一种时，可省略不写。常见的螺纹紧固件的国家标准见附录。

常用螺纹紧固件的示例及标记方法见表 6-9。

六角头螺栓　　　双头螺柱　　　六角螺母　，　六角开槽螺母

内六角圆柱头螺钉　　圆柱头螺钉　　　沉头螺钉　　　锥端紧定螺钉

平垫圈　　　弹簧垫圈　　　止动垫圈　　　圆螺母

图 6-12　螺纹紧固件

表 6-9　螺纹紧固件的标记方法

紧固件名称	标 记 示 例	简化标记及说明
螺栓	六角头螺栓 螺栓 GB/T 5782　M12×80	简化标记 　名称　标准编号　螺纹规格×公称长度 　说明： 　表示螺纹规格 $d = $ M12，公称长度 $l = 80\text{mm}$
双头螺柱	双头螺柱 螺柱GB/T897　M10×50	简化标记 　名称　标准偏号　螺纹规格×公称长度 　说明： 　表示螺纹规格 $d = $ M10，公称长度 $l = 50$（不包括旋入端）的双头螺柱
螺母	六角头螺母 螺母 GB/T 6170　M12	简化标记 　名称　标准编号　螺纹规格 　说明： 　表示螺纹规格 $D = $ M12 的螺母
平垫圈	垫圈 GB/T 97.1 12	简化标记 　名称　标准编号　规格 　性能等级 　说明： 　表示规格为 $d = 12\text{mm}$ 性能等级为 140HV，不经表面处理产品等级为 A 的平垫圈
弹簧垫圈	垫圈 GB/T 938720	简化标记 　名称　标准编号　规格 　说明： 　表示规格为 $d = 20\text{mm}$ 的弹簧垫圈

（续）

紧固件名称	标记示例	简化标记及说明
螺钉	![螺钉] 螺钉 GB/T 65 M5×20	简化标记 名称 标准偏号 螺纹规格×公称长度 说明： 表示螺纹规格 d = M5，公称长度 l = 20（不包括头部）的开槽圆柱头螺钉
紧定螺钉	![紧定螺钉] 螺钉 GB/T 71 M6×20	简化标记 名称 标准编号 螺纹规格×公称长度 说明： 表示螺纹规格 d = M6，公称长度 l = 20 的开槽锥端紧定螺钉

2. 螺纹紧固件的联接画法

如图 6-13 所示为螺纹紧固件的装配示意图。螺栓联接常用于联接两个不太厚的零件；螺柱联接常用于联接零件之一太厚或不宜钻成通孔的情况；螺钉联接用于联接不经常拆卸且受力不大的零件。

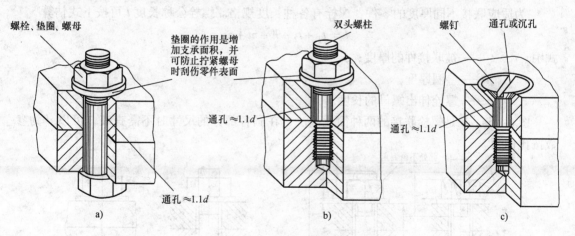

图 6-13 螺纹紧固件的装配示意图
a）螺栓联接 b）螺柱联接 c）螺钉联接

3. 绘制螺纹紧固件联接装配图的基本规定

1）凡不接触的相邻表面，或两相邻表面基本尺寸不同时，不论其间隙大小（如螺杆与通孔之间），需画两条轮廓线（间隙过小时可夸大画出）；两零件接触表面处只画一条轮廓线。

2）在剖视、断面图中，相邻两零件的剖面线，应画成不同方向或同方向而不同间隔加以区别。且同一零件在各个剖视、断面图中，其剖面线方向和间隔必须相同。

3）当联接图画成剖视图，即剖切平面通过螺杆的轴线时，对于螺栓、螺母及垫圈等均按不剖切绘制，即仍画其外形。

四、任务实施

1. 螺栓联接的画法

螺栓联接前，先在两被联接件上钻出通孔，如图 6-14b 所示，通孔直径一般取 $1.1d$ 为螺栓公称直径；将螺栓从一端插入孔中，如图 6-14c 所示；另一端再加上垫圈，拧紧螺母，即完成了螺栓联接，如图 6-14d 所示。

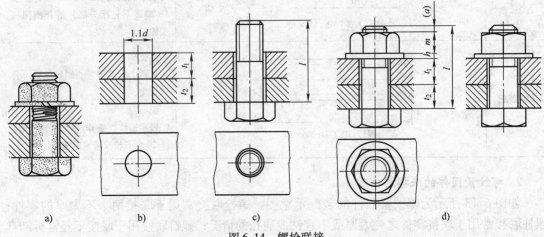

图 6-14　螺栓联接

为适应联接不同厚度的零件，螺栓有各种长度规格。螺栓公称长度 l 可按下式估算

$$l = t_1 + t_2 + h + m + a$$

式中　t_1，t_2——被联接件的厚度；

　　　h——垫圈厚度；

　　　a——螺栓伸出螺母的长度。

图 6-15a、b 是螺栓联接的两种简化画法，在画各部分的尺寸时不需查表，可以 d 为参数按比例画。

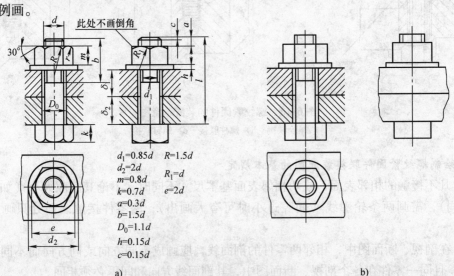

$d_1 = 0.85d$　　$R = 1.5d$
$d_2 = 2d$
$m = 0.8d$　　　$R_1 = d$
$k = 0.7d$　　　$e = 2d$
$a = 0.3d$
$b = 1.5d$
$D_0 = 1.1d$
$h = 0.15d$
$c = 0.15d$

图 6-15　螺栓联接的简化画法

a）简化画法之一　b）简化画法之二

根据上式计算出的螺栓长度，还需从相应的螺栓公称长度系列中选取与它相近的标准值。

2. 螺柱联接的画法

　　联接前，先在较厚的零件上加工出螺孔，在另一较薄的零件上加工出通孔（孔径1.1d）；然后将双头螺柱的一端（旋入端）旋紧在螺孔内；再在双头螺柱的另一端（紧固端）套上带通孔的被联接零件，加上垫圈、拧紧螺母，即完成螺柱联接。

　　画螺柱联接图时应注意的事项：

　　1）联接图中，螺柱旋入端的螺纹终止线应与结合面平齐，表示旋入端全部拧入，足够拧紧如图 6-16 所示。

　　2）弹簧垫圈用作防松，外径比普通垫圈小，以保证紧压在螺母底面范围之内。弹簧垫圈开槽的方向应是阻止螺母松动方向，在图中应画成与水平线成 60°并向左上角倾斜的两条（或一条加粗线），两线间距为 0.1d，如图 6-16 所示。

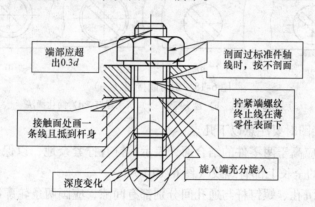

图 6-16　双头螺柱联接图

绘制双头螺柱的步骤如图 6-17 所示。

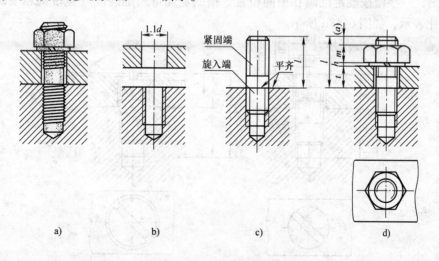

图 6-17　双头螺柱的绘图步骤

3. 螺钉联接

联接螺钉一般用于受力不大而又不需经常拆装的零件联接中。它的两个被联接件中，较厚的零件加工出螺孔，较薄的零件加工出通孔（沉孔和通孔的直径分别稍大于螺钉头和螺钉杆的直径），如图 6-18 所示。这种联接图的画法，其拧入螺孔端与螺柱联接相似，穿过通孔端与螺栓联接相似。

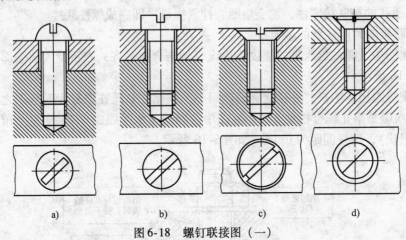

图 6-18　螺钉联接图（一）

a）半圆头螺钉　b）盘头螺钉　c）沉头螺钉　d）简化画法

画联接螺钉联接图时要注意以下几点：

1）螺纹终止线应高于两零件的结合面，表示螺钉有拧紧余地，以保证联接紧固（图 6-19 a），或者在螺杆的全长上都有螺纹（图 6-19 b）。

2）螺钉头部与沉孔、螺钉杆与通孔间分别都有间隙，应画两条轮廓线。

3）如图 6-19b 所示为常见的沉头螺钉联接图，其公称长度 l 为螺钉的全长，$l = t + b_m$。螺钉头部的一字槽，在主视图中放在中间位置；俯视图中规定画成与水平线倾斜 45°角；如果画左视图，一字槽按规定也画在中间位置。槽的宽度可用加粗线（宽度为粗实线宽度的两倍）简化表示，如图 6-18d 所示。

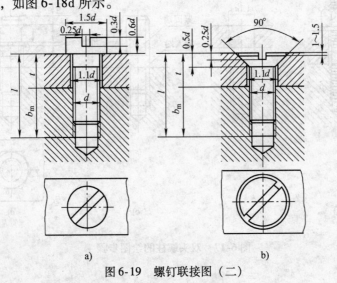

图 6-19　螺钉联接图（二）

a）盘头螺钉　b）沉头螺钉

4. 紧定螺钉

紧定螺钉用来固定两零件的相对位置，使它们不产生相对运动。如图 6-20 所示，欲将轴、轮固定在一起，可先在轮毂的适当部位加工出螺孔，然后将轮、轴装配在一起，以螺孔导向，在轴上钻出锥坑，最后拧入紧定螺钉，即可限定轮、轴的相对位置，使其不能产生轴向相对移动。紧定螺钉联接图如图 6-20 所示。

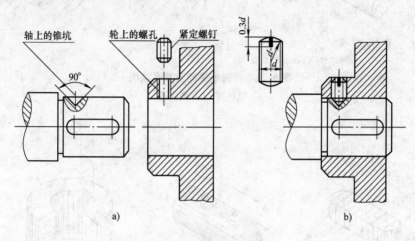

图 6-20　紧定螺钉联接

a）分解图　b）装配图

课题 2　键

任务　绘制键联结图

知识点：

了解键的种类、标记和用途。

技能点：

能够绘制键联结图并进行标注。

一、任务引入

正确绘制普通型平键、普通型半圆键、钩头型楔键的联结图，要求符合制图国家标准的有关规定。如图 6-21 所示为普通型平键及其联结图。

二、任务分析

观察如图 6-22 所示普通型平键与齿轮及轴的联结方式，正确判断键的类型，根据轴的直径尺寸，确定键、键槽的宽度、深度等尺寸，最后正确绘制图形。

三、知识准备

1. 键的作用

键主要用于轴和轴上零件（如齿轮、带轮等）间的轴向联结，以传递转矩。在被联结的轴上和轮毂孔中制出键槽，先将键嵌入轴上的键槽内，再对准轮毂孔中的键槽（该键槽是穿通的），将它们装配在一起，便可达到联结目的，如图 6-22 所示。

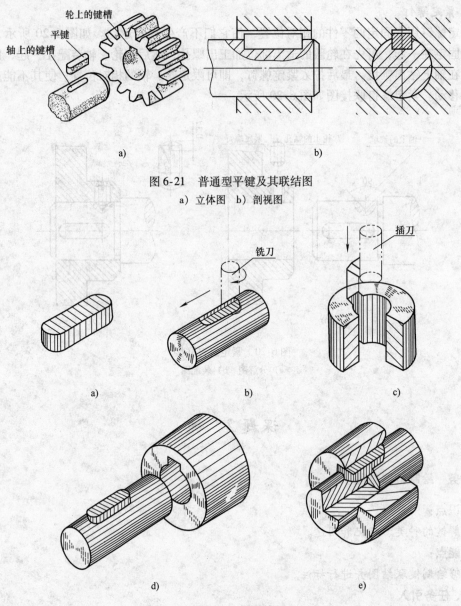

图 6-21 普通型平键及其联结图

a）立体图 b）剖视图

图 6-22 键联结

a）键 b）在轴上加工键槽 c）在轮毂上加工键槽

d）将键嵌入键槽内 e）键与轴同时装入轴孔

2. 键的标记

键是标准件。常用的键有普通型平键、普通型半圆键和钩头型楔键等。普通平键又有 A型（圆头）、B 型（方头）和 C 型（单圆头）三种。这几种键及其标记示例见表 6-10。

四、任务实施

1. 绘制普通型平键和普通型半圆键联结

如图 6-23 ~ 图 6-25 所示，普通型平键和普通型半圆键联结的作用原理相似，半圆键常用于载荷不大的传动轴上。

根据紧固件标记，在相应的标准中（见表6-11）查得各有关尺寸后作图。

表6-10　键及其标记示例

序　号	名　　称	图　例	标记示例
1	普通（A型）平键 （GB/T 1096—2003）		$b=8\text{mm}$　$h=7\text{mm}$　$L=25\text{mm}$ 的普通（A型）平键： GB/T 1096　键 $8\times7\times25$
	普通（B型）平键 （GB/T 1096—2003）		$b=16\text{mm}$　$h=10\text{mm}$　$L=100\text{mm}$ 的普通（B型）平键： GB/T 1096　键 $B16\times10\times100$
	普通（C型）平键 （GB/T 1096—2003）		$b=16\text{mm}$　$h=10\text{mm}$　$L=100\text{mm}$ 的普通（C型）平键： GB/T 1096　键 $C16\times10\times100$
2	普通型半圆键 （GB/T 1099.1—2003）		$b=6\text{mm}$　$h=10\text{mm}$　$D=25\text{mm}$ 的普通型半圆键： GB/T 1099.1　键 $6\times10\times25$
3	钩头型楔键 （GB/T 1565—2003）		$b=18\text{mm}$　$h=11\text{mm}$　$L=100\text{mm}$ 的钩头型楔键： GB/T 1565　键 18×100

图 6-23　普通型平键键槽的画法及标注

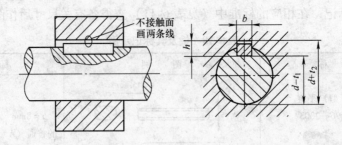

图 6-24　普通型平键联结画法

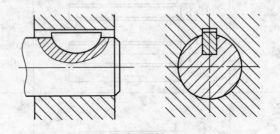

图 6-25　普通型半圆键联结画法

1）联结时，普通型平键和普通型半圆键的两侧面是工作面，它与轴、轮毂的键槽两侧面相接触，分别只画一条线。

2）键的上、下底面为非工作面，上底面与轮毂键槽顶面之间留有一定的间隙，画两条线。

3）在反映键长方向的剖视图中，轴采用局部剖视，键按不剖处理。

2. 绘制钩头型楔键联结

如图 6-26 所示，钩头型楔键的上底面有 1∶100 的斜度。装配时，将键沿轴向打入键槽内，靠上、下底面在轴和轮毂键槽之间接触挤压的摩擦力而联结，故键的上、下底面是工作面，各画一条线；键的两侧面与键槽的两侧面有由公差控制的间隙，但键宽与槽宽的基本尺寸相同，故也应画两条线。钩头供拆卸用，轴上的键槽常制有轴端，拆装方便。

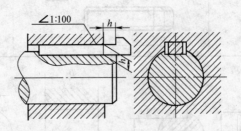

图 6-26　钩头型楔键联结

表 6-11　普通型平键的尺寸和键槽的剖面尺寸（GB/T 1095～1096—2003）

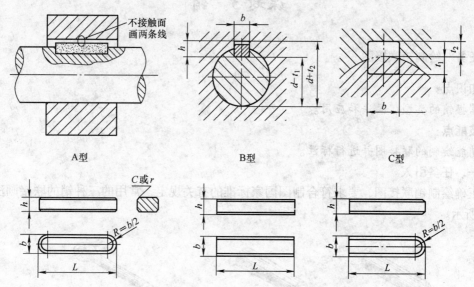

A 型　　　　　　　B 型　　　　　　　C 型

标记示例

GB/T 1096　键　16×10×100（圆头普通平键 A 型，$b=16\text{mm}$，$h=10\text{mm}$，$L=100\text{mm}$）

GB/T 1096　键　B16×10×100（平头普通平键 B 型，$b=16\text{mm}$，$h=10\text{mm}$，$L=100\text{mm}$）

GB/T 1096　键　C16×10×100（单圆头普通平键 C 型，$b=16\text{mm}$，$h=10\text{mm}$，$L=100\text{mm}$）

（单位：mm）

轴	键	键槽											
			宽度 b					深度				半径	
基本直径 d	键尺寸 $b \times h$	基本尺寸 b	极限偏差					轴 t_1		毂 t_2		r	
			正常联结		紧密联结	松联结							
			轴 N9	毂 JS9	轴和毂 P9	轴 H9	毂 D10	基本	偏差	基本	偏差	最小	最大
>10～12	4×4	4	0 −0.030	±0.015	−0.012 −0.042	+0.030 0	+0.078 +0.030	2.5	+0.10	1.8	+0.10	0.08	0.16
>12～17	5×5	5						3.0		2.3		0.16	0.25
>17～22	6×6	6						3.5		2.8			
>22～30	8×7	8	0 −0.036	±0.018	−0.015 −0.051	+0.036 0	+0.098 +0.040	4.0		3.3			
>30～38	10×8	10						5.0		3.3			
>38～44	12×8	12	0 −0.043	±0.0215	−0.018 −0.061	+0.043 0	+0.120 +0.050	5.0		3.3			
>44～50	14×9	14						5.5		3.8		0.25	0.40
>50～58	16×10	16						6.0		4.3			
>58～65	18×11	18						7.0	+0.20	4.4	+0.20		
>65～75	20×12	20						7.5		4.9			
>75～85	22×14	22	0 −0.052	±0.026	−0.022 −0.074	+0.052 0	+0.149 +0.065	9.0		5.4		0.40	0.60
>85～95	25×14	25						9.0		5.4			
>95～110	28×16	28						10.0		6.4			

课题 3 销

任务 绘制销联接图

知识点：
掌握销的类型、画法和应用。

技能点：
销能绘制的联接图并进行标注。

一、任务引入

正确绘制销联接图，要求符合制图国家标准的有关规定，常用的三种销的联接画法如图 6-27 所示。

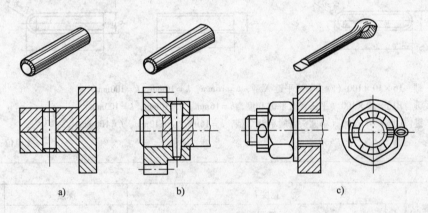

图 6-27 销联接图
a）圆柱销联接 b）圆锥销联接 c）开口销联接

二、任务分析

观察图 6-27 销联接图，会发现要想绘制销的联接图，首先要正确判断销的类型，确定联接部位，然后根据销的尺寸绘制图形。

三、知识准备

1. 销的作用

销也是常用的标准件，通常用于零件间的联接或定位。常用的销有圆柱销、圆锥销和开口销等。开口销与带孔螺栓和槽形螺母一起使用，将它穿过槽形螺母的槽口和带孔螺栓的孔，并将销的尾部叉开，可防止螺纹联接松脱。

2. 销的种类及标记

销的种类及标记见表 6-12。

四、任务实施

1. 标注销的尺寸

（1）圆柱销

类型：A、B、C、D，如图 6-28 所示。

表6-12 销的种类及标记示例

名称及标准编号	图 例	标记示例
圆柱销 GB/T 119.1—2000		公称直径 $d=8$mm，公差为 m6，公称长度 $l=30$mm，材料为钢，不经淬火，不经表面处理的不淬火硬钢圆柱销 完整标记： 销 GB/T 119.1—2000 – 8m6 × 30 简化标记：销 GB/T 119.1 8 × 30
圆锥销 GB/T 117—2000	1:50	公称直径 $d=6$mm，公称长度 $l=30$mm，材料为 35 钢，热处理硬度（28~38）HRC，表面氧化处理，不淬硬的 A 型圆柱销 完整标记： 销 GB/T 117—2000—6 × 30—35 钢—热处理（28~38）HRC—O 简化标记：销 GB/T 117 6 × 30 当销为 B 型时，其简化标记：销 GB/T 117 B6 × 30
开口销 GB/T 91—2000		公称规格为 5mm，公称长度 $l=50$mm，材料为 Q215 或 Q235，不经热处理的开口销 完整标记： 销 GB/T 91—2000—5 × 50—Q215 或 Q235 简化标记：销 GB/T 91 5 × 50

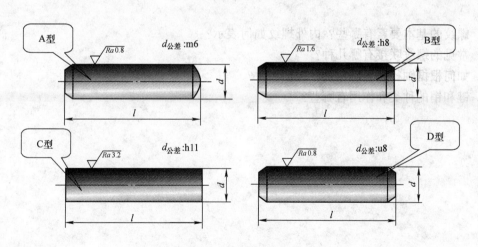

图6-28 圆柱销类型

规格尺寸：直径、长度

标记：名称 标准代号 类型 规格尺寸

例：销 GB/T 119 B8 × 30

（2）圆锥销

类型：A、B，如图 6-29 所示。

规格尺寸：小端直径、长度

标记：名称　标准代号　类型　规格尺寸

例：销 GB/T 117　A10×60

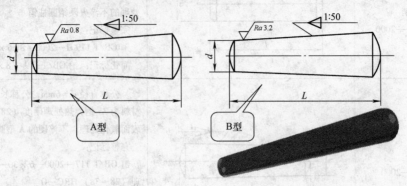

图 6-29　圆锥销类型

2. 绘制销的联接图

常用的三种销的联接画法如图 6-27 所示，当剖切平面通过销的轴线时，销作不剖处理。圆柱销和圆锥销可起定位和联接作用，如图 6-27a 和图 6-27b 所示。

开口销穿过六角开槽螺母上的槽和螺杆上的孔以防螺母松动或限定其他零件在装配体中的位置，如图 6-27c 所示。

【能 力 训 练】

1. 螺纹的基本要素有哪些？内外螺纹如何表示？

2. 常见的螺纹联接有哪几种？

3. 如何根据轴径查表确定键及键槽尺寸？

4. 键和销的种类和作用有哪些？

模块 7　常用件的表示方法

课题 1　滚 动 轴 承

任务　绘制滚动轴承连接图

知识点：

1. 掌握滚动轴承的结构及表示法。

2. 了解滚动轴承的应用。

3. 掌握滚动轴承的标记方法。

技能点：

能够绘制滚动轴承的视图

一、任务引入

用规定画法绘制如图 7-1 所示滚动轴承的视图，要求符合制图国家标准的有关规定。

二、任务分析

在机器中，滚动轴承是用来支承轴的标准部件。由于它可以大大减小轴与孔相对旋转时的摩擦力，且具有机械效率高、结构紧凑等优点，因此应用极为广泛。

观察图 7-1 所示滚动轴承的结构图会发现滚动轴承由四部分组成，外圈、内圈、滚动体和保持架。因保持架的形状复杂多变，滚动体的数量又较多，设计绘图时若用真实投影表示，则极不方便，因此，国家标准规定了简化的表示法，包括通用画法、特征画法和规定画法。

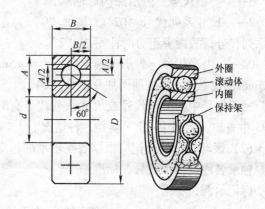

图 7-1　滚动轴承

三、知识准备

1. 滚动轴承的结构及表示方法（GB/T 4459.7—1998）

滚动轴承的种类繁多，常用的有深沟球轴承、圆锥滚子轴承、推力球轴承，其结构大体相同，一般由外圈、内圈、滚动体（滚动体有球形、圆柱、锥台、滚针、鼓形等）和保持架组成，如图 7-2 所示。

2. 滚动轴承的代号（表 7-1）**与标记**

（1）滚动轴承的代号　按照 GB/T 272—1993 规定，滚动轴承的代号由前置代号、基本代号和后置代号构成，前置、后置代号是在轴承结构形状、尺寸和技术要求等有改变时，在其基本代号前添加的补充代号。补充代号的规定可在该国标中查得。

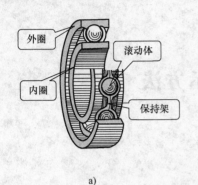

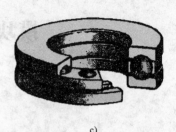

a)   b)   c)

图 7-2　滚动轴承的类型

a）深沟球轴承　b）圆锥滚子轴承　c）推力球轴承

　　轴承的基本代号由类型代号、尺寸系列代号和内径代号组成。基本代号最左边的一位数字（或字母）为类型代号（表 7-1）；尺寸系列代号由宽度和直径系列代号组成，具体可从 GB/T 272—1993 中查取；内径代号的表示有两种情况：当内径不小于 20mm 时，则内径代号数字为轴承公称内径除以 5 的商数，当商数为一位数时，需在左边加"0"；当内径 <20mm时，则内径代号另有规定。

　　下面以滚动轴承代号 6204 为例，说明轴承的基本代号。

　　6——类型代号，表示深沟球轴承。

　　2——尺寸系列代号"02"。其中"0"为宽度系列代号，按规定省略未写，"2"为直径系列代号，故两者组合时注写成"2"。

　　04——内径代号，表示该轴承内径为 $4 \times 5mm = 20mm$，即内径代号是公称内径 20mm 除以 5mm 的商数 4，再在前面加 0 成为"04"。

　　轴承代号中的类型代号或尺寸系列代号有时可省略不写，具体的规定可由 GB/T 272—1993 中查知。上列中"2"就是这种情况。

　　（2）滚动轴承的标记　根据各类轴承的相应标记规定，轴承的标记由三部分组成，即：轴承名称、轴承代号、标准编号。

标记示例：

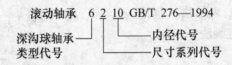

滚动轴承　6 2 10 GB/T 276—1994

深沟球轴承——｜　｜——内径代号
类型代号　　　　——尺寸系列代号

表 7-1　滚动轴承类型代号（摘自 GB/T 272—1993）

代号	轴 承 类 型	代号	轴 承 类 型
0	双列角接触球轴承	7	角接触球轴承
1	调心球轴承	8	推力圆柱滚子轴承
2	调心滚子轴承和推力调心滚子轴承	N	圆柱滚子轴承
3	圆锥滚子轴承		双列或多列用字母 NN 表示
4	双列深沟球轴承	U	外球面球轴承
5	推力球轴承	QJ	四点接触球轴承
6	深沟球轴承		

四、任务实施

滚动轴承的画法及连接画法如图 7-3 所示，滚动轴承装配图的画法如图 7-4 所示。

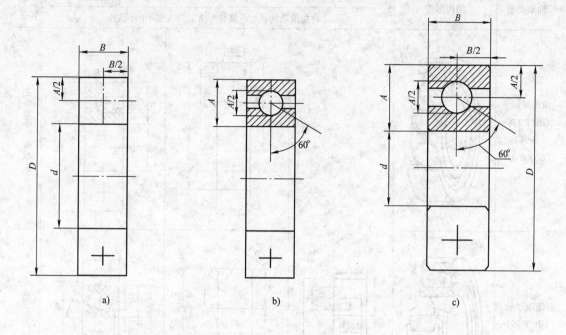

图 7-3　滚动轴承画法

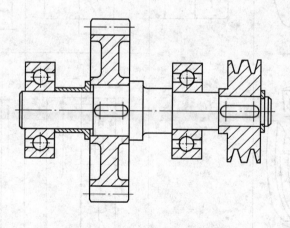

图 7-4　滚动轴承装配图

滚动轴承的表示法包括三种画法，即通用画法、特征画法和规定画法，前两种画法又称简化画法，各种画法的示例见表 7-2。

表 7-2　常用滚动轴承的表示法

常用滚动轴承的表示法

轴承类型	结构形式	通用画法	特征画法	规定画法	承载特征
		（均指滚动轴承在所属装配图的剖视图中的画法）			
深沟球轴承（GB/T 276—1994）60000 型	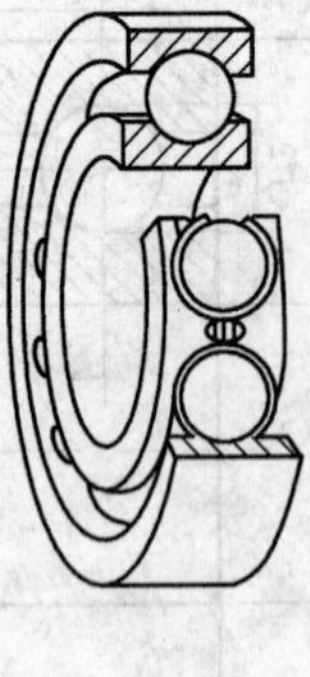	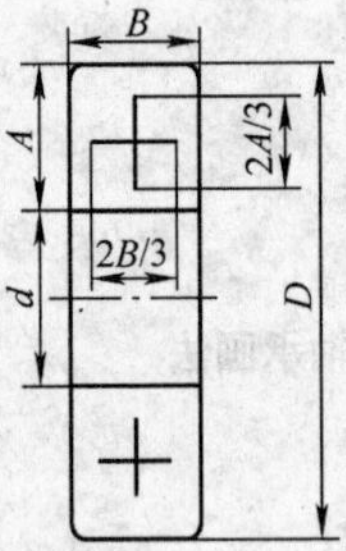	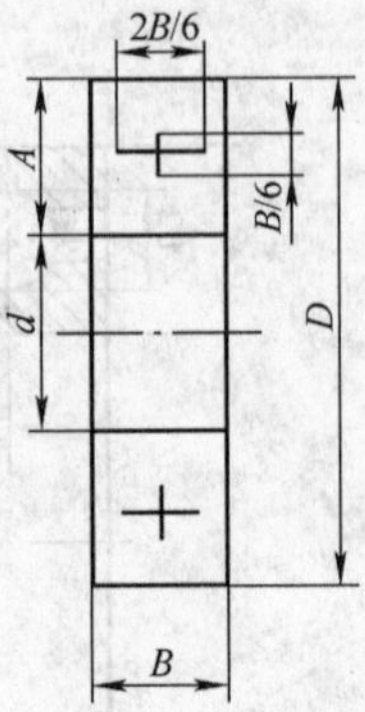	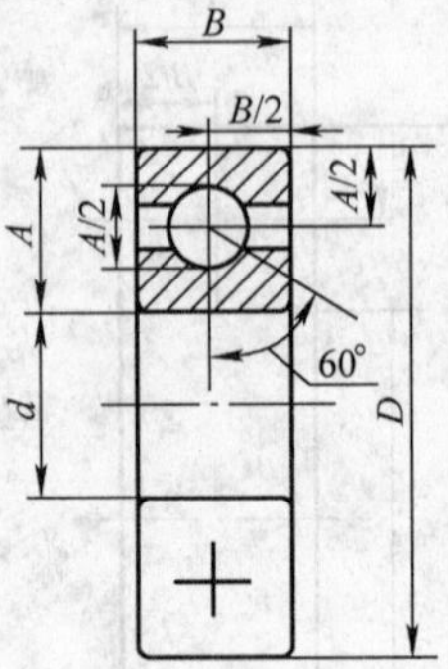	主要承受径向载荷
圆锥滚子轴承（GB/T 297—1994）30000 型	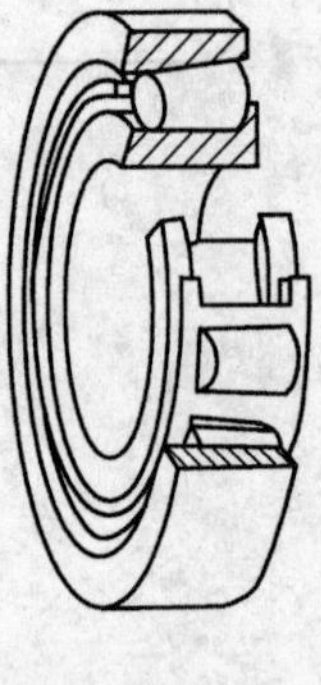		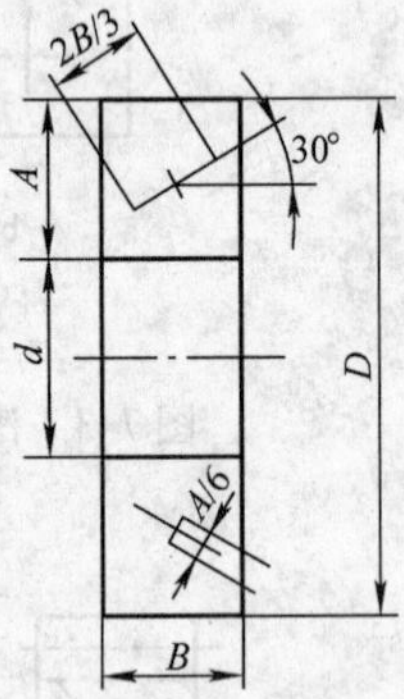	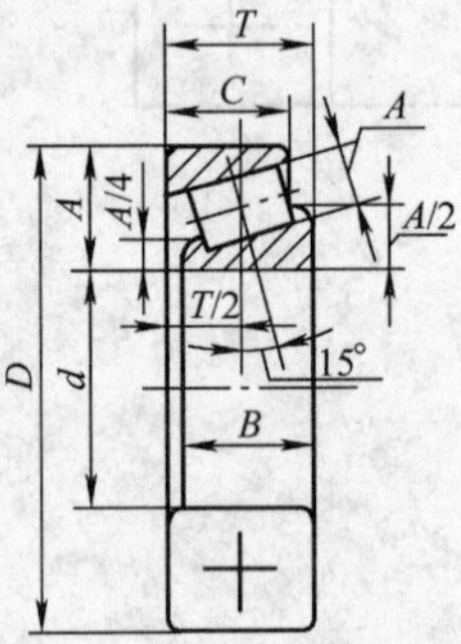	可承受径向和轴向载荷
单向推力球轴承（GB/T 301—1995）51000 型	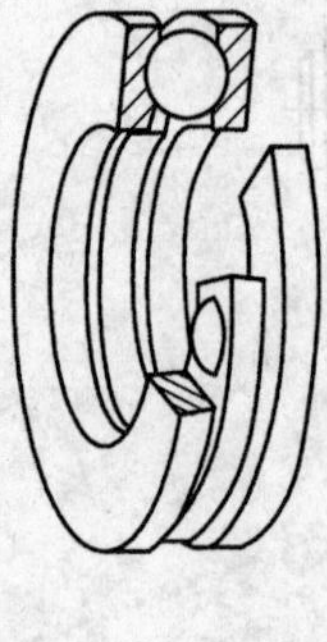		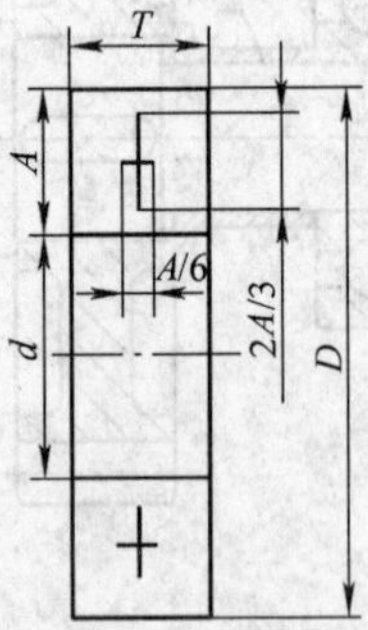	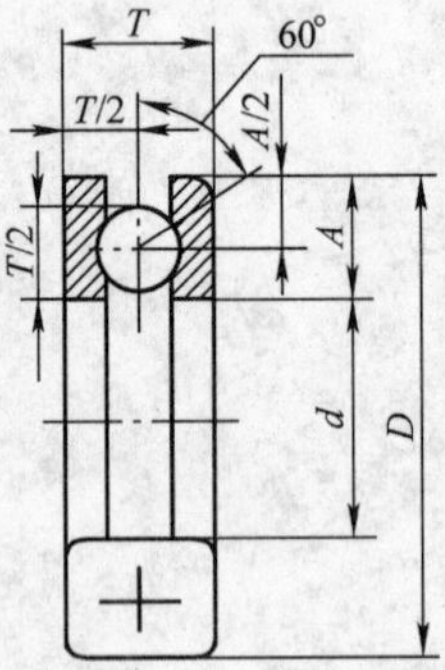	可承受单方向的轴向载荷
三种画法的选用		当不需要确切地表示滚动轴承的外形轮廓、承载特性和结构特征时采用	当需要较形象地表示滚动轴承的结构特征时采用	滚动轴承的产品图样、产品样本、产品标准和产品使用说明书中采用	

课题 2   齿   轮

任务 1   绘制直齿圆柱齿轮的视图

知识点：

掌握圆柱齿轮各部分基本尺寸的计算方法。

技能点：

1. 能够绘制单个圆柱齿轮的视图。

2. 能够绘制圆柱齿轮的啮合图。

一、任务引入

绘制如图 7-5 所示直齿圆柱齿轮的视图，要求符合制图国家标准的有关规定。

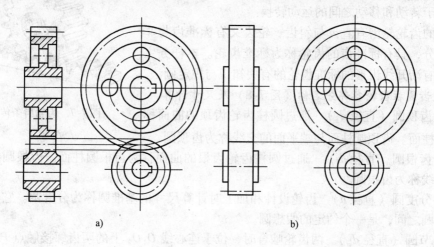

图 7-5   直齿圆柱齿轮的视图
a) 剖视图   b) 外形图

二、任务分析

齿轮是广泛用于机器或部件中的传动零件，除了用来传递动力外，还可以改变机件的回转方向和转动速度。观察图 7-5 所示直齿圆柱齿轮的视图会发现该图是两个齿轮的啮合图。要想绘制这个图首先要正确分析单个直齿圆柱齿轮的各几何要素，然后根据条件对齿轮各几何要素进行尺寸计算，并通过计算的尺寸熟练绘制单个齿轮，这样才能准确地绘制两个齿轮的啮合图。

三、知识准备

1. 常见齿轮

依据两啮合齿轮轴线在空间的相对位置不同，常见的齿轮传动可分为下列三种形式，如图 7-6 所示。

圆柱齿轮传动——用于两平行轴之间的传动。

锥齿轮传动——用于两相交轴之间的传动。

蜗杆蜗轮传动——用于两交错轴之间的传动。

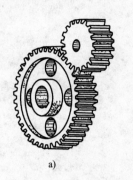
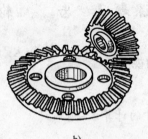
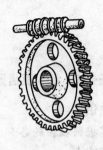

a)   b)   c)

图7-6　常见的齿轮传动形式

a）圆柱齿轮传动　b）锥齿轮传动　c）蜗杆传动

齿轮传动的另一种形式为齿轮齿条传动，如图7-7所示，可用于转动和移动之间的运动转换。

常见的齿轮轮齿有直齿与斜齿。轮齿又有标准齿与非标准齿之分，具有标准齿的齿轮称为标准齿轮。本任务主要介绍具有渐开线齿形的标准齿轮的有关知识与规定画法。

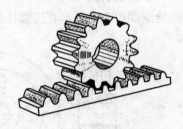

图7-7　齿轮齿条传动

2. 直齿圆柱齿轮各部分名称（图7-8）及尺寸计算

（1）齿顶圆（直径 d_a）　通过圆柱齿轮齿顶的曲面称为齿顶圆柱面。齿顶圆柱面与端平面的交线称为齿顶圆。

（2）齿根圆（直径 d_f）　通过圆柱齿轮齿根的曲面称为齿根圆柱面。齿根圆柱面与端平面的交线称为齿根圆。

（3）分度圆（直径 d）　齿轮设计和加工时计算尺寸的基准圆称为分度圆。它位于齿顶圆和齿根圆之间，是一个约定的假想圆。

（4）节圆（直径 d_w）　两齿轮啮合时，位于连心线 O_1O_2 上的两齿廓接触点 P，称为节点。分别以 O_1、O_2 为圆心，O_1P、O_2P 为半径所作的两个相切的圆称为节圆。正确安装的标准齿轮的 $d_w = d$。

（5）齿高 h　轮齿在齿顶圆与齿根圆之间的径向距离称为齿高。齿高 h 分为齿顶高 h_a、齿根高 h_f 两段（$h = h_a + h_f$）。

齿顶高 h_a　齿顶圆与分度圆之间的径向距离。

齿根高 h_f　齿根圆与分度圆之间的径向距离。

（6）齿距 p　分度圆上相邻两齿廓对应点之间的弧长称为齿距。对于标准齿轮，分度圆上齿厚 s 与槽宽 e 相等。

（7）齿数 z　即轮齿的个数，它是齿轮计算的主要参数之一。

（8）模数 m　它等于齿距 p 与圆周率 π 的比值，模数以 mm 为单位。为了便于设计和制造，模数的数值已标准化，见表7-3。

表7-3　渐开线圆柱齿轮模数（摘自 GB/T 1357—2008）　　　（单位：mm）

第一系列	1.25，1.5，2，2.5，3，4，5，6，8，10，12，16，20，25，32，40，50
第二系列	1.125，1.375，1.75，2.25，2.75，3.5，4.5，5.5，（6.5），7，9，11，14，18，22，28，36，45

模数是设计、制造齿轮的重要参数。由于模数 m 与齿距 p 成正比，而 p 决定了轮齿的大小，所以 m 的大小反映了轮齿的大小。模数大，轮齿就大，在其他条件相同的情况下，齿轮的承载能力也就大；反之承载能力就小。另外，能配对啮合的两个齿轮，其模数必须相等即 $m_1 = m_2 = m$。

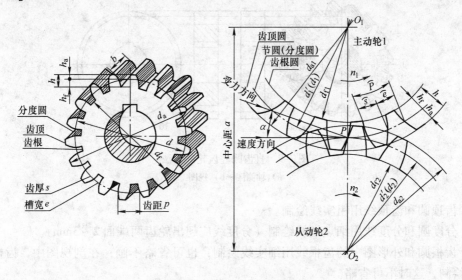

图 7-8　直齿圆柱齿轮各部分名称和代号

（9）压力角（齿形角）α　如图 7-8 所示，轮齿在分度圆上啮合点 P 的受力方向（即渐开线齿廓曲线的法线方向）与该点的瞬时速度方向（分度圆的切线方向）所夹的锐角，称为压力角。我国规定的标准压力角 $\alpha = 20°$。

（10）传动比 i　传动比为主动齿轮的转速 n_1 与从动齿轮的转速 n_2 之比，即 n_1/n_2。

$$i = n_1/n_2 = z_2/z_1$$

（11）中心距 a　两圆柱齿轮轴线之间的距离称为中心距。装配准确的标准齿轮，其中心距为

$$a = m\ (z_1 + z_2)\ /2$$

标准直齿圆柱齿轮各基本尺寸计算公式见表 7-4。

表 7-4　标准直齿圆柱齿轮各基本尺寸计算公式

基本参数：模数 m，齿数 z			已知：$m = 2\text{mm}$, $z = 29$
名称	符号	计算公式	计算举例
齿距	p	$p = \pi m$	$p = 6.28\text{mm}$
齿顶高	h_a	$h_a = m$	$h_a = 2\text{mm}$
齿根高	h_f	$h_f = 1.25m$	$h_f = 2.5\text{mm}$
齿高	h	$h = 2.25m$	$h = 4.5\text{mm}$
分度圆直径	d	$d = mz$	$d = 58\text{mm}$
齿顶圆直径	d_a	$d_a = m\ (z + 2)$	$d_a = 62\text{mm}$
齿根圆直径	d_f	$d_f = m\ (z - 2.5)$	$d_f = 53\text{mm}$
中心距	a	$a = m\ (z_1 + z_2)\ /2$	

四、任务实施

1. 单个齿轮的画法

齿轮的轮齿部分，按 GB/T 4459.2—2003 的规定绘制，如图7-9所示。

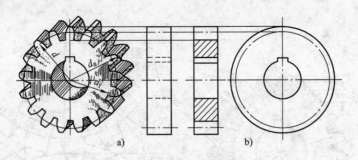

图7-9　直齿圆柱齿轮的画法
a) 轴测图　b) 视图

1）齿顶圆和齿顶线用粗实线绘制。

2）分度圆和分度线用细点画线绘制（分度线应超出轮齿两端面2～3mm）。

3）齿根圆和外形图中的齿根线用细实线绘制，也可省略不画；在剖视图中，齿根线用粗实线绘制，这时不可省略。

4）在剖视图中，当剖切平面通过齿轮轴线时，轮齿一律按不剖处理。

齿轮除轮齿部分外，其余轮体结构均应按真实投影绘制。轮体的结构和尺寸，由设计要求确定。

齿轮属于轮盘类零件，其表达方法与一般轮盘类零件相同。通常将轴线水平放置，可选用两个视图，如图7-10所示；或一个视图和一个局部视图，其中的非圆视图可作半剖视或全剖视。

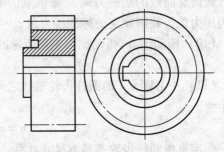

2. 两齿轮啮合的画法

两齿轮啮合时，除啮合区外，其余部分均按单个齿轮绘制。啮合区按如下规定绘制，如图7-11所示。

图7-10　直齿圆柱齿轮的视图选择

1）在垂直于齿轮轴线的投影面的视图（反映为圆的视图）中，两节圆应相切，齿顶圆均按粗实线绘制，如图7-11a左视图所示；在啮合区的齿顶圆也可省略不画，齿根圆全部省略不画。

2）在平行于齿轮轴线的投影面的视图（非圆视图）中，当采用剖视且剖切平面通过两齿轮的轴线时，如图7-11a主视图所示，在啮合区将一个齿轮的轮齿用粗实线绘制，另一个齿轮的轮齿被遮挡的部分用细虚线绘制，细虚线也可省略。

当不采用剖视而用外形视图表示时，啮合区的齿顶线不需画出，节线用粗实线绘制；非啮合区的节线仍用细点画线绘制，齿根线均不画出，如图7-11b主视图所示。

如果两轮齿宽不等，则啮合区的画法如图7-12所示。不论两轮齿齿宽是否一致，一轮的齿顶线与另一轮的齿根线之间，均应留有0.25mm的空隙。

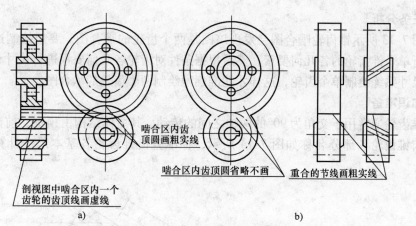

图 7-11　直齿圆柱齿轮的啮合画法

a）剖视图　b）外形图

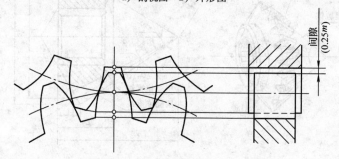

图 7-12　齿宽不等时啮合区的画法

任务 2　绘制锥齿轮啮合图

知识点：

掌握单个锥齿轮各部分尺寸计算和规定画法。

技能点：

能绘制锥齿轮啮合图。

一、任务引入

绘制锥齿轮啮合图，要求符合制图国家标准的有关规定，如图 7-13 所示。

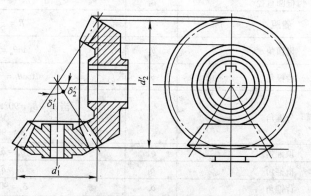

图 7-13　锥齿轮啮合图

二、任务分析

观察图 7-13 所示锥齿轮啮合图会发现该图是两个齿轮的啮合图。要想绘制这个图首先要正确分析单个锥齿轮的各几何要素，然后根据条件对齿轮各几何要素进行尺寸计算，并通过计算的尺寸熟练绘制单个齿轮，这样才能准确地绘制两个齿轮的啮合图。

三、知识准备

直齿锥齿轮通常用于交角为 90°的两轴之间的传动。其主体结构由顶锥、前锥、背锥等组成。直齿锥齿轮各部分名称如图 7-14 所示，标准直齿锥齿轮各基本尺寸计算公式见表 7-5。

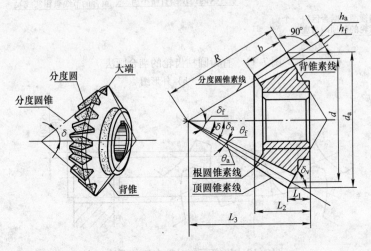

图 7-14　直齿锥齿轮各部分名称

表 7-5　标准直齿锥齿轮各基本尺寸计算公式

基本参数：模数 m，齿数 z，分锥角 δ			
序号	名　称	符号	计算公式
1	齿顶高	h_a	$h_a = m$
2	齿根高	h_f	$h_f = 1.2m$
3	全齿高	h	$h = 2.2m$
4	分度圆直径	d	$d = mz$
5	齿顶圆直径	d_a	$d_a = m\ (z + \cos\delta)$
6	齿根圆直径	d_f	$d_f = m\ (z - 2.4\cos\delta)$
7	锥距	R	$R = \dfrac{mz}{2\sin\delta}$
8	齿顶角	θ_a	$\tan\theta_a = \dfrac{2\sin\delta}{z}$
9	齿根角	θ_f	$\tan\theta_f = \dfrac{2.4\sin\delta}{z}$
10	分锥角	δ	当 $\delta_1 + \delta_2 = 90°$时，$\tan\delta_1 = \dfrac{z_1}{z_2}$ $\delta_2 = 90° - \delta_1$
11	顶锥角	δ_a	$\delta_a = \delta + \theta_a$
12	根锥角	δ_f	$\delta_f = \delta - \theta_f$
13	背锥角	δ_v	$\delta_v = 90° - \delta$

（续）

基本参数：模数 m，齿数 z，分锥角 δ

序号	名　称	符号	计　算　公　式
14	齿宽	b	$b \leqslant \dfrac{R}{3}$
15	齿尖至定位面的距离	L_1	按设计要求确定
16	前锥端面至定位面的距离	L_2	$L_2 = \dfrac{b\cos\delta_a}{\cos\theta_a} + L_1$
17	分锥顶点至定位面的距离	L_3	$L_3 = \dfrac{R\cos\delta_a}{\cos\theta_a} + L_1$

四、任务实施

1. 单个锥齿轮的画法（图 7-15）

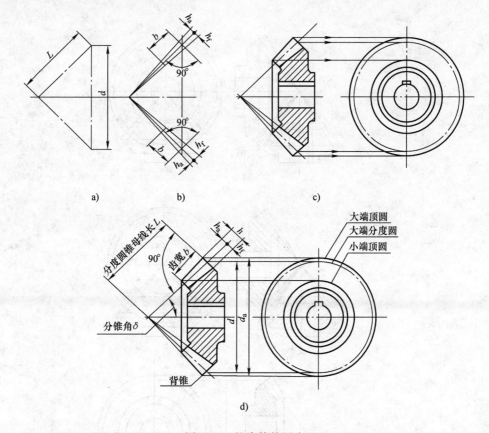

图 7-15　锥齿轮的画法

a）画出基准线及辅助线　b）画出锥齿轮主要尺寸　c）根据投影关系完成视图　d）标注尺寸

在投影为非圆的视图中，画法与圆柱齿轮类似，即常采用剖视，其轮齿按不剖处理，用粗实线画出齿顶线和齿根线，用细点画线画出分度线。

在投影为圆的视图中，轮齿部分只需用粗实线画出大端和小端的齿顶圆；用细点画线画出大端的分度圆；齿根圆不画。投影为圆的视图一般也可用仅表达键槽轴孔的局部视图取代。

2. 锥齿轮啮合的画法（图7-16）

一对安装准确的标准锥齿轮啮合时，它们的分度圆锥应相切（分度圆锥与节圆锥重合，分度圆与节圆重合）。其啮合区的画法与圆柱齿轮类似。

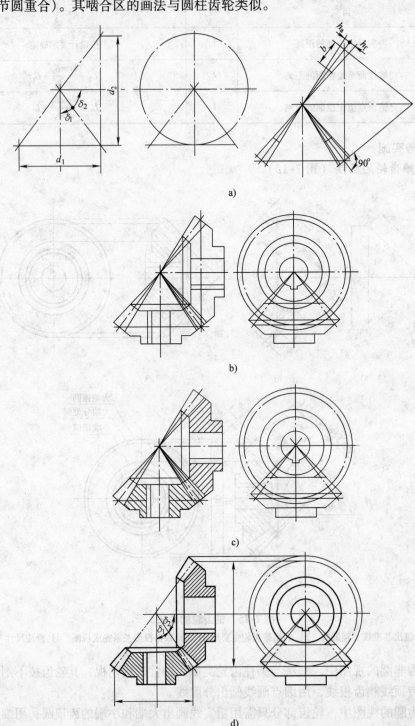

图7-16　锥齿轮啮合的画法

在剖视图中，将一齿轮的齿顶线画成粗实线，另一齿轮的齿顶线画成细虚线或省略。
在外形视图中，一齿轮的节线与另一齿轮的节圆相切。

课题 3　弹　　簧

任务　绘制圆柱螺旋压缩弹簧的视图

知识点：
掌握圆柱螺旋压缩弹簧尺寸的计算方法。

技能点：
能绘制圆柱螺旋压缩弹簧的视图。

一、任务引入

绘制圆柱螺旋压缩弹簧图，要求符合
制图国家标准的有关规定，如图 7-17
所示。

二、任务分析

弹簧是用途很广的常用零件。它主要
用于减震、夹紧、储存能量和测力等方
面。弹簧的特点是去掉外力后，能立即恢
复原状。观察图 7-17 所示圆柱螺旋压缩
弹簧视图，会发现要想绘制这个图，首先
要正确分析弹簧各几何要素，然后根据条

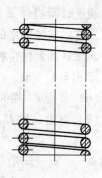

图 7-17　圆柱螺旋压缩弹簧图

件对弹簧各几何要素进行尺寸计算，并通过计算的尺寸熟练绘制圆柱螺旋压缩弹簧视图。

三、知识准备

1. 弹簧种类

弹簧是机械中常用的零件，具有功能转换特性，可用于减震、测力、压紧与复位、调节
等多种场合。

弹簧种类很多，常见的有圆柱螺旋压缩弹簧、平面涡卷弹簧等，如图 7-18 所示。其中，
圆柱螺旋弹簧最为常见。按所受载荷特性不同，这种弹簧又可分为压缩弹簧（Y 型）、拉伸
弹簧（L 型）和扭转弹簧（N 型）三种。

　　　　a)　　　　　　　　　b)　　　　　　　　　c)　　　　　　　　　d)

图 7-18　常见弹簧种类
a）螺旋压缩弹簧　b）拉伸弹簧　c）扭转弹簧　d）平面涡卷弹簧

2. 圆柱螺旋压缩弹簧各部分名称及尺寸计算（摘自 GB/T 2089—2009）

圆柱螺旋压缩弹簧如图 7-19 所示。

（1）材料直径 d　制造弹簧用的金属丝直径。

（2）弹簧外径 D_2　弹簧的最大直径。

（3）弹簧内径 D_1　弹簧的最小直径。

$D_1 = D_2 - 2d$。

（4）弹簧中径 D　弹簧的平均直径。

$$D = \frac{D_1 + D_2}{2} = D_1 + d = D_2 - d。$$

（5）支承圈数 n_z、有效圈数 n、总圈数 n_1　为了使压缩弹簧工作平稳，端面受力均匀，制造时需将弹簧每一端 3/4 ~ 1 圈并紧

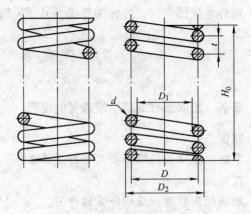

图 7-19　圆柱螺旋压缩弹簧

磨平，这些并紧磨平的圈仅起支承作用，称为支承圈。支承圈数 n_z 一般为 1.5、2、2.5，常用 2.5 圈。其余保持相等节距的圈数，称为有效圈数。支承圈数与有效圈数之和称为总圈数，即 $n_1 = n_z + n$。

（6）节距 t　相邻两有效圈上对应点间的轴向距离。

（7）自由高度 H_0　未受载荷时的弹簧高度（或长度）

$$H_0 = nt + (n_z - 0.5)d$$

式中　　　nt——有效圈的自由高度；

$(n_z - 0.5)d$——支承圈的自由高度。

（8）展开长度 L　制造弹簧时所需要金属丝的长度。螺旋线展开后 $L = n_1 \sqrt{(\pi D)^2 + t^2}$

（9）旋向　螺旋弹簧分为右旋和左旋两种。

国家标准已对普通圆柱螺旋压缩弹簧的结构尺寸及标记做了规定，使用时可查阅。

3. 弹簧的标记方法

弹簧的标记由类型代号、规格、精度代号、旋向代号和标准号组成，规定如下：

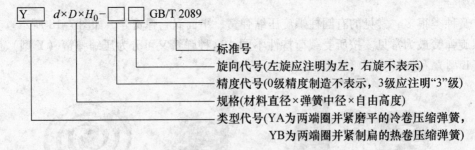

示例1：

YA 型弹簧，材料直径为 1.2mm，弹簧中径为 8mm，自由高度 40mm，精度等级为 2 级，左旋的两端圈并紧磨平的冷卷压缩弹簧。

标记：YA 1.2 ×8 ×40 左 GB/T 2089

示例2：

YB 型弹簧，材料直径为 30mm，弹簧中径为 160mm，自由高度 200mm，精度等级为 3 级，右旋的并紧

制扁的热卷压缩弹簧。

标记：YB 30×160×200，GB/T 2089

4. 圆柱螺旋压缩弹簧的画法（摘自 GB/T 4459.4—2003）

（1）弹簧在平行于轴线投影面上的视图中，各圈的轮廓不必按螺旋线的真实投影画出，而用直线来代替螺旋线的投影，如图 7-19 所示。

（2）螺旋弹簧均可画成右旋，但左旋弹簧不论画成左旋或右旋，一律要加注旋向"左"字。

（3）有效圈数在 4 圈以上的螺旋弹簧，中间各圈可以省略，只画出其中两端的 1～2 圈（不包括支承圈），中间只需用通过簧丝断面中心的细点画线连起来。省略后，允许适当缩短图形的长度，但应注明弹簧设计要求的自由高度，如图 7-19 所示。

（4）在装配图中，螺旋弹簧被剖切后，不论中间各圈是否省略，被弹簧挡住的结构一般不画，其可见部分应从弹簧的外轮廓线或弹簧钢丝剖面的中心线画起，如图 7-20a 所示。

（5）在装配图中，当弹簧钢丝的直径在图上等于或小于 2mm 时，其剖面可以涂黑表示，如图 7-20b 所示。

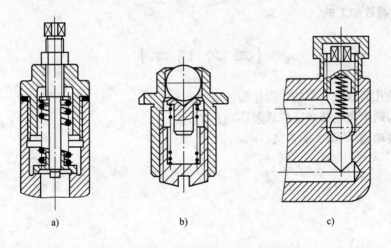

图 7-20　装配图中弹簧的画法

四、任务实施

如已知圆柱螺旋压缩弹簧的中径 $D=38$，材料直径 $d=6$，节距 $t=11.8$，有效圈数 $n=7.5$，支承圈数 $n_2=2.5$，右旋。则绘制步骤如下。

1. 计算基本参数

（1）弹簧外径：$D_2=D+d=38+6=44$

（2）自由高度：$H_0=nt+(n_2-0.5)d=7.5\times11.8+(2.5-0.5)\times6=100.5$

2. 作图步骤（图 7-21）

1）按自由高度 H_0 和弹簧中径 D_2，作矩形 $ABCD$，如图 7-21a 所示。

2）根据材料直径 d，画出支承圈部分的 4 个圆和 2 个半圆，如图 7-21b 所示。

3）根据节距 t，作有效圈部分的 5 个圆，如图 7-21c 所示。

4）按右旋方向作相应圆的公切线，并画剖面线，如图 7-21d 所示。

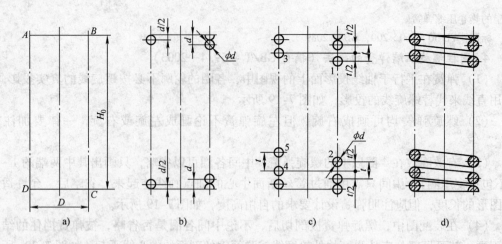

图 7-21　圆柱螺旋压缩弹簧的作图步骤

　　此例的支承圈为 2.5 圈。标准规定不论支承圈数多少，均可按此绘制。因为制造弹簧时是按图上所注圈数加工的。

【能 力 训 练】

1. 齿轮的几何参数有哪些？齿轮如何表示？
2. 啮合的两个齿轮按规定应该怎样画？
3. 解释滚动轴承 6205 的含义。

模块 8　极限与配合

课题 1　互换性与标准化

任务　了解尾座端盖油杯的互换性

知识点：
了解互换性、标准化的概念。

技能点：
学会在生产实践中严格执行互换性和标准化。

一、任务引入

说明尾座端盖油杯的互换性。

二、任务分析

如果图 8-1 所示尾架端盖的油杯失效了，需要更换。如果油杯具有互换性和标准化，那么可以买一个相同规格的油杯换上即可正常使用，方便、快捷。零、部件具有互换性，不但给装配、修理机器带来方便，还可用专用设备生产，提高产品数量和质量，同时降低产品的成本。要满足零件的互换性，就要求有配合关系的尺寸在一个允许的范围内变动，并且在制造上又是经济合理的。

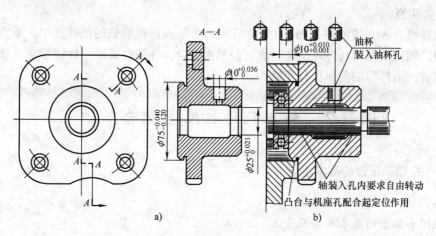

图 8-1　油杯

三、知识准备

1. 互换性

互换性是指从一批相同的零件中任取一件，不经修配就能装配到机器或部件中，并满足产品的性能要求。例如螺钉、灯泡、汽车、飞机、彩电等。

2. 互换性的分类

互换性分完全互换与不完全互换。

(1) 完全互换定义 同一规格的工件不作任何挑选，不需辅助加工，就能装到所需的部件上，并能满足其使用要求，即为完全互换，又称为无限互换。

(2) 不完全互换定义 同一规格的工件不作任何挑选，不需辅助加工，就能装到所需的部件上，但允许有附加选择与调整，并能满足其使用要求，即为不完全互换，又称为有限互换。

3. 互换性的优点

零件具有互换性能提高生产率，有利于专业化大生产，缩短维修时间，降低生产成本等。

4. 互换性的意义

零件具有互换性有利于组织协作和专业化生产，对保证产品质量，降低成本及方便装配、维修有重要意义。

5. 标准化

标准是指对重复性事物和概念所做的同一规定。在机械制造中，标准化是实现互换性的必要前提。我国等效采用由国际标准化组织 ISO 指定的国际公差制，颁布了《极限与配合》国家标准。

标准化是组织现代化大生产的重要手段，是实现专业化协作生产的必要前提，是科学管理的重要组成部分。搞好标准化，对于快速发展国民经济、提高产品和工程建设质量、提高劳动生产率有着重要的作用，也是对技术工人的基本要求。

技术标准分类与代号：GB 国家标准

HB，JB 部门标准

QB 企业标准

四、任务实施

从一批规格为 φ10 的油杯（图 8-1）中任取一个装入尾座端盖的油杯孔中，不经修配就能装配使用，能使油杯顺利装入，并能使它们紧密结合，并能保证使用性能要求。就两者的顺利结合而言，油杯和端盖都具有互换性。

课题 2 轴与孔的极限与配合知识

任务 1 极限和配合的基本术语

知识点：

掌握极限和配合的基本术语及含义。

技能点：

能够正确识读极限和配合。

一、任务引入

识读有关公差的一些常用术语（图 8-2）的含义。

二、任务分析

在加工过程中，不可能把零件的尺寸做得绝对准确。为了保证互换性，必须将零件尺寸的加工误差限制在一定的范围内，规定出加工尺寸的可变动量，这种规定的实际尺寸允许的变动量称为公差。通过学习，要掌握图 8-2 相关的术语的含义及其符号，了解孔与轴的相关术语不同含义和符号表示。

三、知识准备

1. 基本术语

（1）公称尺寸　由图样规范确定的理想形状要素的尺寸称为公称尺寸。孔和轴的公称尺寸分别用 D 和 d 表示。公称尺寸可以是一个整数或一个小数值。

（2）实际（组成）要素　由接近实际（组成）要素所限定的工件实际表面的组成要素部分称为实际（组成）要素。

（3）提取组成要素　按规定方法，由实际（组成）要素提取有限数目的点所形成的实际（组成）要素的近似替代称为提取组成要素。

（4）拟合组成要素　按规定方法，由提取组成要素形成的并具有理想形状的组成要素称为拟合组成要素。

（5）提取组成要素的局部尺寸　通过实际测量得到的尺寸称为实际（组成）要素尺寸。一切提取组成要素上两对应点之间的距离统称提取组

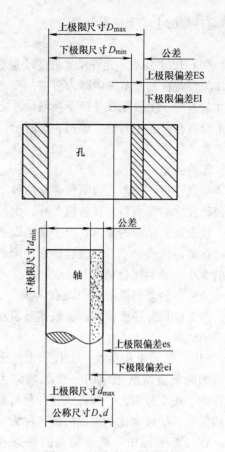

图 8-2　尺寸公差术语图解

成要素的局部尺寸，简称提取要素的局部尺寸，孔和轴的提取要素的局部尺寸分别用 D_a 和 d_a 表示。由于工件存在测量误差，提取要素的局部尺寸并非是被测尺寸的真值。同时由于工件存在形状误差，所以同一个表面不同部位的提取要素的局部尺寸也不相等。

（6）极限尺寸　尺寸要素允许的尺寸的两个极端称为极限尺寸。提取组成要素的局部尺寸应位于其中，也可达到极限尺寸。极限尺寸以公称尺寸为基数来确定。尺寸要素允许的最大尺寸称为上极限尺寸，尺寸要素允许的最小尺寸称为下极限尺寸。极限尺寸是用来限制加工零件的尺寸变动范围的。零件实际（组成）要素在两个极限尺寸之间则为合格。

（7）偏差　某一尺寸减其公称尺寸所得的代数差称为尺寸偏差，简称偏差。偏差可分为实际偏差和极限偏差。由于实际（组成）要素和极限尺寸可能大于、等于或小于公称尺寸，所以偏差可能为正值、负值或零，在书写偏差值时必须带有正负号。

（8）极限偏差　极限偏差分为上极限偏差和下极限偏差。上极限尺寸减其公称尺寸所得的代数差称为上极限偏差，下极限尺寸减其公称尺寸所得的代数差称为下极限偏差。孔的上、下极限偏差代号用大写字母 ES 和 EI 表示，轴的上、下极限偏差代号用小写字母 es 和 ei 表示。

1）孔的上、下极限偏差

$$ES = D_{\max} - D \quad EI = D_{\min} - D$$

2）轴的上、下极限偏差

$$\mathrm{es} = d_{\max} - d \quad \mathrm{ei} = d_{\min} - d$$

（9）尺寸公差 允许尺寸的变动量称为尺寸公差，简称公差。公差是用以限制误差的。工件的误差在公差范围内即为合格；反之，则不合格。孔和轴的公差分别用 T_h 和 T_s 表示。尺寸公差等于上极限尺寸减下极限尺寸之差，或上极限偏差减下极限偏差之差。尺寸公差是一个没有符号的绝对值，如图 8-3 所示。

孔的公差：$\quad\quad\quad\quad\quad T_{\mathrm{h}} = \left| D_{\max} - D_{\min} \right| = \left| \mathrm{ES} - \mathrm{EI} \right|$

轴的公差：$\quad\quad\quad\quad\quad T_{\mathrm{s}} = \left| d_{\max} - d_{\min} \right| = \left| \mathrm{es} - \mathrm{ei} \right|$

必须注意：公差与极限偏差是两种不同的概念。偏差是从零线起开始计算的，是指相对于公称尺寸的偏离量，从数值上看，偏差可分为正值、负值或零；而公差是允许尺寸的变动量，代表加工精度的要求，由于加工误差不可避免，故公差值不能为零。极限偏差用于限制实际偏差，代表公差带的位置，影响配合的松紧程度；而公差用于限制尺寸误差，代表公差带的大小，影响配合精度。

总之，公差与极限偏差既有区别，又有联系。公差表示对一批工件尺寸允许的变化范围，是工件尺寸精度指标；极限偏差表示工件尺寸允许变动的极限值，是判断工件尺寸是否合格的依据。

（10）公差带和零线 由代表上、下极限偏差的两条直线所限定的一个区域称为公差带。为了便于分析，一般将尺寸公差与基本尺寸的关系，按放大比例画成简图，称为公差带图。在公差带图中，确定偏差的一条基准直线，称为零偏差线，简称零线，通常零线表示公称尺寸。如图 8-3 所示。

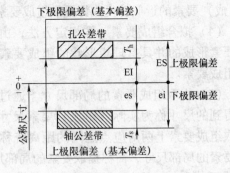

图 8-3 公差带图

（11）标准公差 用以确定公差带大小的任一公差。国家标准将标准公差等级分为 20级：IT01、IT0、IT1～IT18。"IT" 表示标准公差，公差等级的代号用阿拉伯数字表示。IT01～IT18，精度依次降低。标准公差等级数值可查有关技术标准。

（12）基本偏差 用以确定公差带相对于零线位置的上偏差或下偏差。一般是指靠近零线的那个偏差。

根据实际需要，国家标准分别对孔和轴规定了 28 个不同的基本偏差，基本偏差系列如图 8-4 所示。

从图 8-4 可知：

基本偏差用拉丁字母表示，大写字母代表孔，小写字母代表轴。

公差带位于零线之上，基本偏差为下极限偏差。

公差带位于零线之下，基本偏差为上极限偏差。

（13）孔、轴的公差带代号 由基本偏差与公差等级代号组成，并且要用同一号字母和数字书写。例如 $\phi 50H8$ 的含义是：

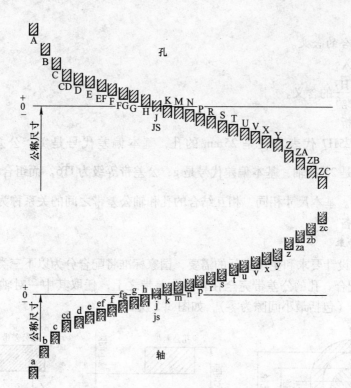

图 8-4　基本偏差系列图

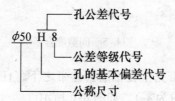

此公差带的全称是：公称尺寸为 φ50，公差等级为 8 级，基本偏差为 H 的孔的公差带。

又如 φ50f7 的含义是：

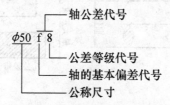

此公差带的全称是：公称尺寸为 φ50，公差等级为 8 级，基本偏差为 f 的轴的公差带。

四、任务实施

根据所学知识，熟读图 8-2 所示孔、轴的基本术语含义。

任务 2　说明配合的含义

知识点：

掌握配合的概念、种类，以及基准制的知识。

技能点：

能够识读配合的含义。

一、任务引入

试说明 $\phi25\dfrac{H7}{g6}$ 的含义。

二、任务分析

我们知道 $\phi25H7$ 代表直径是 25mm 的孔，基本偏差代号是 H，公差带等级为 IT7；$\phi25g6$ 代表直径是 25 的轴，基本偏差代号是 g，公差带等级为 IT6。而组合写成 $\phi25\dfrac{H7}{g6}$。就代表孔轴相配合。基本尺寸相同，相互结合的孔和轴公差带之间的关系称为配合。

三、知识准备

1. 配合的种类

根据机器的设计要求和生产实际的需要，国家标准将配合分为以下三类。

（1）间隙配合　孔的公差带完全在轴的公差带之上，任取其中一对轴和孔相配都成为具有间隙的配合（包括最小间隙为零），如图 8-5 所示。

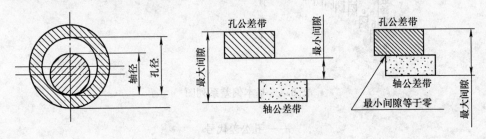

图 8-5　间隙配合

（2）过盈配合　孔的公差带完全在轴的公差带之下，任取其中一对轴和孔相配都成为具有过盈的配合（包括最小过盈为零），如图 8-6 所示。

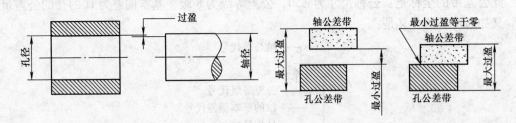

图 8-6　过盈配合

（3）过渡配合　孔和轴的公差带相互交叠，任取其中一对孔和轴相配合，可能是间隙，也可能是过盈配合，如图 8-7 所示。

2. 配合的基准制

国家标准规定了基孔制和基轴制两种基准制。

（1）基孔制　基本偏差为一定的孔的公差带，与不同基本偏差的轴的公差带构成各种配合的一种制度称为基孔制。这种制度在同一公称尺寸的配合中，是将孔的公差带位置固

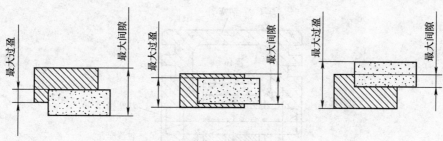

图 8-7　过渡配合

定，通过变动轴的公差带位置，得到各种不同的配合，如图 8-8 所示。

基孔制的孔称为基准孔。国标规定基准孔的下偏差为零，"H"为基准孔的基本偏差。

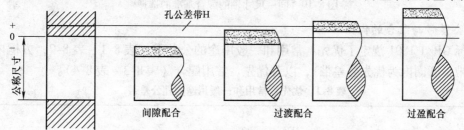

图 8-8　基孔制配合

（2）基轴制　基本偏差为一定的轴的公差带，与不同基本偏差的孔的公差带构成各种配合的一种制度称为基轴制。这种制度在同一公称尺寸的配合中，是将轴的公差带位置固定，通过变动孔的公差带位置，得到各种不同的配合，如图 8-9 所示。

基轴制的轴称为基准轴。国家标准规定基准轴的上极限偏差为零，"h"为基轴制的基本偏差。

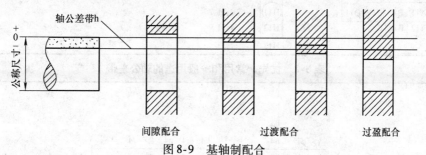

图 8-9　基轴制配合

3. 基准制的选用

在一般情况下，优先选用基孔制配合（轴比孔易加工）。因为孔通过定位刀具（如铰刀、钻头、拉刀等）加工，用极限量规检测，所以选用基孔制可以减少孔用刀具的品种、规格，降低加工成本，利于实现刀具和量具的标准化和系列化。

如有结构要求，允许选择基轴制配合，比如同一公称尺寸的轴上需要装配几个不同配合的零件时，选择基轴制配合有利于加工和装配，如图 8-10 所示。

若与标准件（零件或部件）配合，应以标准件为基准件来确定采用基孔制还是基轴制。如平键、半圆键等键联结，滚动轴承外圈与箱体孔的配合应采用基轴制。

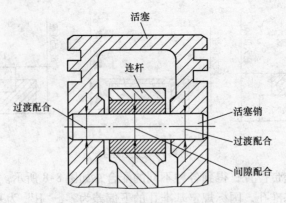

图 8-10 同一尺寸轴的配合基准的选择

4. 公差带与配合的优化

国标 GB/T 1801 规定了优先、常用和一般用途的公差带（表 8-1 ～ 表 8-2，方框内为常用公差带，圆圈内为优先公差带），以及优先、常用配合（表 8-3 ～ 表 8-4）。

表 8-1 优先、常用和一般用途的孔公差带

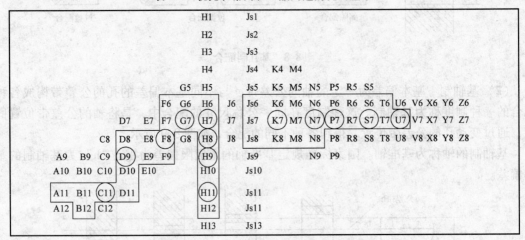

```
                                    H1      Js1
                                    H2      Js2
                                    H3      Js3
                                    H4      Js4   K4 M4
                        G5  H5      Js5   K5 M5 N5 P5 R5 S5
                F6  G6  H6   J6     Js6   K6 M6 N6 P6 R6 S6 T6 U6 V6 X6 Y6 Z6
        D7  E7  F7  G7  H7   J7     Js7   K7 M7 N7 P7 R7 S7 T7 U7 V7 X7 Y7 Z7
    C8  D8  E8  F8  G8  H8   J8     Js8   K8 M8 N8 P8 R8 S8 T8 U8 V8 X8 Y8 Z8
A9  B9  C9  D9  E9  F9  H9          Js9   N9 P9
A10 B10 C10 D10 E10     H10         Js10
A11 B11 C11 D11         H11         Js11
A12 B12 C12             H12         Js11
                        H13         Js13
```

表 8-2 优先、常用和一般用途的轴公差带

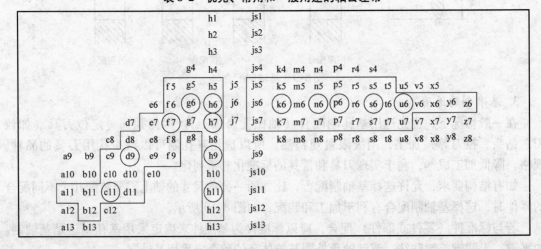

```
                                    h1      js1
                                    h2      js2
                                    h3      js3
                        g4  h4      js4   k4 m4 n4 p4 r4 s4
                f5  g5  h5   j5     js5   k5 m5 n5 p5 r5 s5 t5      u5 v5 x5
        e6  f6  g6  h6   j6         js6   k6 m6 n6 p6 r6 s6 t6 u6 v6 x6 y6 z6
    d7  e7  f7  g7  h7   j7         js7   k7 m7 n7 p7 r7 s7 t7 u7 v7 x7 y7 z7
    c8  d8  e8  f8  g8  h8          js8   k8 m8 n8 p8 r8 s8 t8 u8 v8 x8 y8 z8
a9  b9  c9  d9  e9  f9  h9          js9
a10 b10 c10 d10 e10     h10         js10
a11 b11 c11 d11         h11         js11
a12 b12 c12             h12         js12
a13 b13                 h13         js13
```

表 8-3 基孔制的优先、常用配合

基准孔	轴																				
	a	b	c	d	e	f	g	h	js	k	m	n	p	r	s	t	u	v	x	y	z
	间隙配合								过渡配合				过盈配合								
H6						$\frac{H6}{f5}$	$\frac{H6}{g5}$	$\frac{H6}{h5}$	$\frac{H6}{js5}$	$\frac{H6}{k5}$	$\frac{H6}{m5}$	$\frac{H6}{n5}$	$\frac{H6}{p5}$	$\frac{H6}{r5}$	$\frac{H6}{s5}$	$\frac{H6}{t5}$					
H7						$\frac{H7}{f6}$	$\frac{H7}{g6}$	$\frac{H7}{h6}$	$\frac{H7}{js6}$	$\frac{H7}{k6}$	$\frac{H7}{m6}$	$\frac{H7}{n6}$	$\frac{H7}{p6}$	$\frac{H7}{r6}$	$\frac{H7}{s6}$	$\frac{H7}{t6}$	$\frac{H7}{u6}$	$\frac{H7}{v6}$	$\frac{H7}{x6}$	$\frac{H7}{y6}$	$\frac{H7}{z6}$
H8					$\frac{H8}{e7}$	$\frac{H8}{f7}$	$\frac{H8}{g7}$	$\frac{H8}{h7}$	$\frac{H8}{js7}$	$\frac{H8}{k7}$	$\frac{H8}{m7}$	$\frac{H8}{n7}$	$\frac{H8}{p7}$	$\frac{H8}{r7}$	$\frac{H8}{s7}$	$\frac{H8}{t7}$	$\frac{H8}{u7}$				
H8				$\frac{H8}{d8}$	$\frac{H8}{e8}$	$\frac{H8}{f8}$		$\frac{H8}{h8}$													
H9			$\frac{H9}{c9}$	$\frac{H9}{d9}$	$\frac{H9}{e9}$	$\frac{H9}{f9}$		$\frac{H9}{h9}$													
H10			$\frac{H10}{c10}$	$\frac{H10}{d10}$				$\frac{H10}{h10}$													
H11	$\frac{H11}{a11}$	$\frac{H11}{b11}$	$\frac{H11}{c11}$	$\frac{H11}{d11}$				$\frac{H11}{h11}$													
H12		$\frac{H12}{b12}$						$\frac{H12}{h12}$													

注：1. $\frac{H6}{n5}$、$\frac{H7}{p6}$ 在公称尺寸≤3mm和 $\frac{H8}{r7}$ 的公称尺寸≤100mm时，为过渡配合。

2. 标注 ◣ 符号者为优先配合。

表 8-4 基轴制的优先、常用配合

基准孔	孔																			
	A	B	C	D	E	F	G	H	JS	K	M	N	P	R	S	T	U	V	X	Y	Z
	间隙配合								过滤配合				过盈配合								
h5						$\frac{F6}{h5}$	$\frac{G6}{h5}$	$\frac{H6}{h5}$	$\frac{JS6}{h5}$	$\frac{P6}{h5}$	$\frac{M6}{h5}$	$\frac{N6}{h5}$	$\frac{P6}{h5}$	$\frac{R6}{h5}$	$\frac{S6}{h5}$	$\frac{T6}{h5}$					
h6						$\frac{F7}{h6}$	$\frac{G7}{h6}$	$\frac{H7}{h6}$	$\frac{JS7}{h6}$	$\frac{K7}{h6}$	$\frac{M7}{h6}$	$\frac{N7}{h6}$	$\frac{P7}{h6}$	$\frac{R7}{h6}$	$\frac{S7}{h6}$	$\frac{T7}{h6}$	$\frac{U7}{h6}$				
h7					$\frac{E8}{h7}$	$\frac{F8}{h7}$		$\frac{H8}{h7}$	$\frac{JS8}{h7}$	$\frac{K7}{h7}$	$\frac{M7}{h7}$	$\frac{N7}{h7}$									
h8				$\frac{D8}{h8}$	$\frac{E8}{h8}$	$\frac{F8}{h8}$		$\frac{H8}{h8}$													
h9				$\frac{D9}{h9}$	$\frac{E9}{h9}$	$\frac{F9}{h9}$		$\frac{H9}{h9}$													
h10				$\frac{D10}{h10}$				$\frac{H10}{h10}$													
h11	$\frac{A11}{h11}$	$\frac{B11}{h11}$	$\frac{C11}{h11}$	$\frac{D11}{h11}$				$\frac{H11}{h11}$													
h12		$\frac{B12}{h12}$						$\frac{H12}{h12}$													

注：标注 ◣ 符号者为优先配合。

配合的选用要根据使用要求，一般有计算法、实验法和类比法三种方法。前两种方法比较复杂，目前广泛应用的是类比法。

四、任务实施

试说明 $\phi25\dfrac{H7}{g6}$ 的含义。

该配合的公称尺寸为 $\phi25mm$，为基孔制的间隙配合，基准孔的公差带为 H7（基本偏差为 H 公差等级为 7 级），轴的公差带为 g6（基本偏差为 g，公差等级为 6 级）。

任务 3　在图样中标注极限与配合代号

知识点：

掌握极限与配合代号在图样上的标注方法。

技能点：

能够熟练地在图样上进行标注极限与配合代号。

一、任务引入

了解公差带代号标注的含意，如图 8-11 所示，并将其标注到相应的孔与轴上。

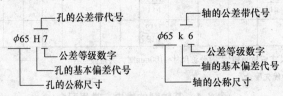

图 8-11　极限与配合的标注

二、任务分析

零件图上一些重要的尺寸，一般应标注出极限偏差或公差带代号。标注要按规定的标注方法，并且准确完整。如图 8-11 所示，$\phi65$ 是孔和轴的公称尺寸，H7 是孔的公差带代号，k6 是轴的公差带代号。要想正确标注极限与配合代号，首先要了解各种公差带的代号等的含义。

三、知识准备

1. 在装配图中的标注方法

配合的代号由两个相互结合的孔和轴的公差带的代号组成，用分数形式表示，分子为孔的公差带代号，分母为轴的公差带代号，标注的通用形式如图 8-12 所示。

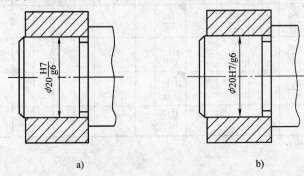

a)　　　　　　　　　　　　　　b)

图 8-12　装配图中尺寸公差的标注方法

2. 在零件图中的标注方法

如图 8-13a 标注公差带的代号；图 8-13b 标注偏差数值；图 8-13c 为公差带代号和偏差数值一起标注。

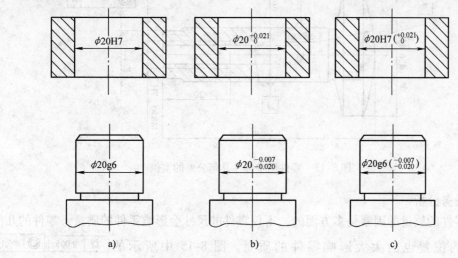

图 8-13 零件图中尺寸公差的标注方法

四、任务实施

根据图 8-11 所示实例，标注零件图上的公差带代号如图 8-14 所示。

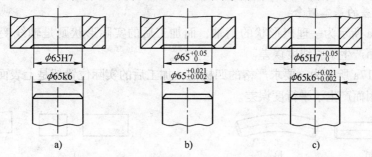

图 8-14 零件图上公差带代号的标注

课题 3 几何公差

任务 识读零件的几何公差的含义

知识点：

1. 能正确理解几何公差的基本概念和有关术语。

2. 掌握几何公差代号的标注方法，能了解代号中各种符号和数字的含义。

技能点：

掌握几何公差代号的标注方法，能正确识读代号中各种符号和数字的含义。

一、任务引入

识读图 8-15 所示零件图中几何公差的含义。

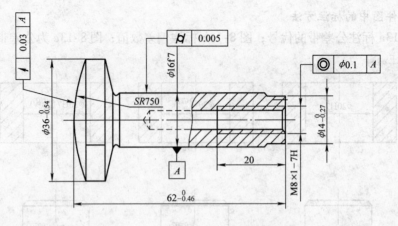

图 8-15　零件图中标注几何公差的实例

二、任务分析

评定零件的质量的因素是多方面的，不仅零件的尺寸会影响零件的质量，零件的几何形状和结构的位置也会大大影响零件的质量。图 8-15 中所示的 ⌀ 0.005 ◎ φ0.1 A ，⟋ 0.03 A ，都是表示零件的几何形状和结构的几何公差，要正确判断零件质量，就必须掌握几何公差相关知识。

三、知识准备

1. 几何公差的基本概念

如图 8-16a 所示为一理想形状的销轴，而加工后的实际形状则是轴线变弯了，如图 8-16b 所示，因而产生了直线度误差。

又如图 8-17a 所示为一要求严格的四棱柱，加工后的实际位置却是上表面倾斜了，如图 8-17b 所示，因而产生了平行度误差。

图 8-16　形状误差　　　　　　　　　　　图 8-17　位置误差

如果零件存在严重的几何误差，将使其装配造成困难，影响机器的质量。因此，对于精度要求较高的零件，除给出尺寸公差外，还应根据设计要求，合理地确定出几何误差的最大允许值，如图 8-18b 中的 φ0.08（即销轴轴线必须位于直径为公差值 φ0.08 的圆柱面内，如图 8-18a 所示）、图 8-19b 中的 0.1（即上表面必须位于距离为公差值 0.1 且平行于基准表面 A 的两平行平面之间，如图 8-19a 所示）。

2. 几何公差的有关术语

（1）要素　指组成零件的点、线、面。

（2）形状公差　指实际要素的形状所允许的最大变动量。

（3）位置公差　关联实际被测要素的位置对基准所允许的变动全量。

（4）跳动公差　关联实际要素绕基准轴线回转一周或连续回转时所允许的最大跳动量。

（5）被测要素　给出了形状或（和）位置公差的要素。

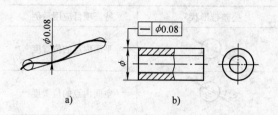

a)　　　　　　　　b)

图 8-18　直线度公差

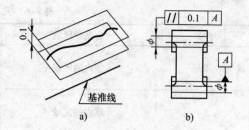

a)　　　　　　　　b)

图 8-19　平行度公差

（6）基准要素　用来确定理想被测要素方向或（和）位置的要素。

3. 几何公差的项目、符号及公差带形状

（1）几何公差的类型、几何特征及符号（表 8-5）

表 8-5　几何公差类型、几何特征及符号（摘自 GB/T 1182—2008）

公差类型	几何特征	符　　号	有无基准	公差类型	几何特征	符　　号	有无基准
形状公差	直线度	—	无	方向公差	平行度	∥	有
	平面度	▱	无		垂直度	⊥	有
	圆度	○	无		倾斜度	∠	有
	圆柱度	⌭	无	位置公差	同心度（用于中心点）	◎	有
	线轮廓度	⌒	无		同轴度（用于轴线）	◎	有
	面轮廓度	⌓	无		对称度	=	有
跳动公差	圆跳动	↗	有		位置度	⊕	有
	全跳动	↗↗	有	方向公差/位置公差	线轮廓度	⌒	有
					面轮廓度	⌓	有

（2）几何公差带的形状　公差带的形状由被测要素的几何特征和设计要求决定，也即由所选几何公差特征项目决定。常用的公差带形状的主要形式有 9 种，见表 8-6。

4. 几何公差的标注方法

（1）公差框格　公差框格用细实线画出，可画成水平的或垂直的，框格高度是图样中尺寸数字高度的两倍，它的长度视需要而定。框格中的数字、字母、符号与图样中的数字等高。如图 8-20 所示为几何公差的框格形式。用带箭头的指引线将被测要素与公差框格一端相连。

表 8-6　几何公差带的形状

序号	公差带区域	公差带形状	特征项目应用示例
1	圆内的区域	ϕt	平面内点的位置度
2	球内的区域	$S\phi t$	空间内点的位置度
3	两平行直线之间的区域	t	给定平面上的直线度
4	两平行面之间的区域	t	平面度
5	圆柱面内的区域	ϕt	任意方向上的直线度
6	两等距曲线之间的区域	t	线轮廓度
7	两等距曲面之间的区域	t	面轮廓度
8	两同心圆之间的区域	t	圆度
9	两同轴圆柱面之间的区域	t	圆柱度

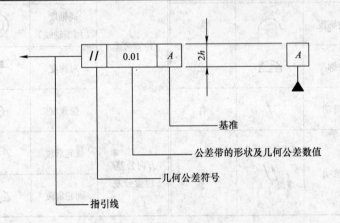

图 8-20　几何公差代号及基准符号

（2）被测要素

用带箭头的指引线将被测要素与公差框格一端相连，指引线箭头指向公差带的宽度方向或直径方向。指引线箭头所指部位可有：

1）当被测要素为轴线、球心或中心平面时，指引线箭头应与该要素的尺寸线对齐，如图 8-21a 所示。

2）当被测要素为线或表面时，指引线箭头应指在该要素的轮廓线或其引出线上，并应明显与尺寸线错开，如图 8-21b 所示。

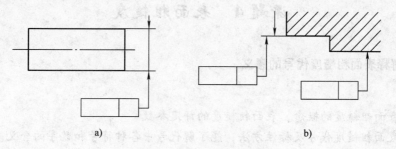

图 8-21   被测要素标注示例

（3）基准要素

基准符号的画法如图 8-20 所示，无论基准符号在图中的方向如何，细实线方框内的字母一律水平书写。

1）当基准要素为素线或表面时，基准符号应放置在该要素的轮廓线或其延出线标注，并应明显与尺寸线箭头错开，基准符号也可放在该轮廓面引出线的水平线上，如图 8-22a 所示。

2）当基准是尺寸要素确定的轴线、中心平面或中心点时，基准符号应放置在该要素的尺寸线的延长线上，且与箭头对齐，位置不够时，可省略一个箭头，如图 8-22b 所示。

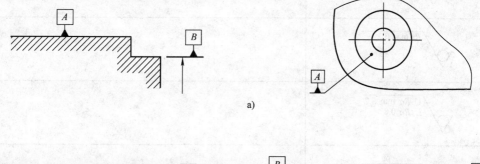

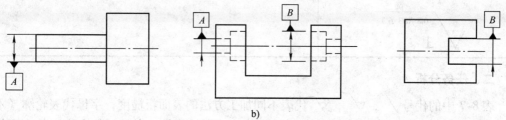

图 8-22   基准要素标注示例

四、任务实施

解读零件图上标注几何公差实例的含义（图 8-15）：

◯ | 0.005 ：杆身的圆柱度公差为 0.005。

◎ | $\phi 0.1$ | A ：M8×1 的螺纹孔轴对于 $\phi 16$ 轴线的同轴度公差为 $\phi 0.1$。

↗ | 0.03 | A ：$R750$ 的球面对于中心轴线的圆跳动公差是 0.03。

课题 4　表面粗糙度

任务　解释表面粗糙度代号的意义

知识点：

1. 了解表面粗糙度的概念，表面粗糙度的评定参数。
2. 掌握表面粗糙度代号及标注方法，能了解代号中各种符号和数字的含义。
3. 掌握表面粗糙度数值的选择。
4. 了解表面粗糙度的测量方法。

技能点：

熟悉表面粗糙度代号及标注，识读代号中各种符号和数字的含义。

一、任务引入

解释表 8-7 中代号的含义。

表 8-7　表面粗糙度的含义

代号	含义/说明
$Ra\,1.6$（▽）	
$Rz\ max\ 0.2$	
U $Ra\ max\ 3.2$ L $Ra\ 0.8$	
铣 $-0.8/Ra3\ 6.3$　⊥	

二、任务分析

表 8-7 中的代号 √，▽，⧳ 代表不同加工方法的表面粗糙度，字母代表轮廓（不同的字母代表的含义也不同），数字代表粗糙度值，不同的代号、字母、数字代表的表面粗糙度的含义不同。为了使零件达到预定的设计要求，保证零件的使用性能，在零件图上还必须注明零件在制造过程中必须达到的表面粗糙度。

三、知识准备

1. 表面粗糙度基本概念

（1）概述　为了保证零件的使用性能，在机械图样中需要对零件的表面结构给出要求。表面结构就是由粗糙度轮廓、波纹度轮廓和原始轮廓构成的零件表面特征。

（2）表面粗糙度的评定参数　评定零件表面粗糙度的参数有轮廓参数、图形参数和支承率曲线参数。其中轮廓参数分为三种：R 轮廓参数（粗糙度参数）、W 轮廓参数（波纹度参数）和 P 轮廓参数（原始轮廓参数）。机械图样中，常用表面粗糙度参数 Ra 和 Rz 作为评定表面结构的参数。

1）轮廓算术平均偏差 Ra。它是在取样长度 lr 内，纵坐标 $Z(x)$（被测轮廓上的各点至基准线 x 的距离）绝对值的算术平均值，如图 8-23 所示。可用下式表示

$$Ra = \frac{1}{lr}\int_0^{lr} |Z(x)|\,\mathrm{d}x$$

2）轮廓最大高度 Rz。它是在一个取样长度内，最大轮廓峰高与最大轮廓谷深之和，如图 8-23 所示。

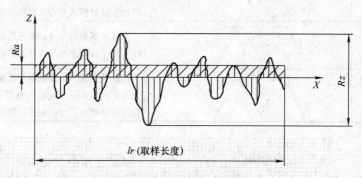

图 8-23　Ra、Rz 参数示意图

国家标准 GB/T 1031—2009 给出的 Ra 和 Rz 系列值见表 8-8。

表 8-8　Ra、Rz 系列值　　　　　　　　　　　　　　　　（单位：μm）

Ra	Rz	Ra	Rz
0.012		6.3	6.3
0.025	0.025	12.5	12.5
0.05	0.05	25	25
0.1	0.1	50	50
0.2	0.2	100	100
0.4	0.4		200
0.8	0.8		400
1.6	1.6		800
3.2	3.2		1600

2. 标注表面结构的图形符号

（1）图形符号及其含义　在图样中，可以用不同的图形符号来表示对零件表面结构的不同要求。标注表面结构的图形符号及其含义见表 8-9。

（2）图形符号的画法及尺寸　图形符号的画法如图 8-24 所示，表 8-10 列出了图形符号的尺寸。

标注表面结构参数时应使用完整图形符号；在完整图形符号中注写了参数代号、极限值等要求后，称为表面结构代号。表面结构代号示例见表 8-11。

表8-9 表面结构图形符号及其含义

符号名称	符号样式	含义及说明
基本图形符号		未指定工艺方法的表面；基本图形符号仅用于简化代号标注，当通过一个注释解释时可单独使用，没有补充说明时不能单独使用
扩展图形符号		用去除材料的方法获得表面，如通过车、铣、刨、磨等机械加工的表面；仅当其含义是"被加工表面"时可单独使用
		用不去除材料的方法获得表面，如铸、锻等；也可用于保持上道工序形成的表面，不管这种状况是通过去除材料或不去除材料形成的
完整图形符号		在基本图形符号或扩展图形符号的长边上加一横线，用于标注表面结构特征的补充信息
工件轮廓各表面图形符号		当在某个视图上组成封闭轮廓的各表面有相同的表面结构要求时，应在完整图形符号上加一圆圈，标注在图样中工件的封闭轮廓线上

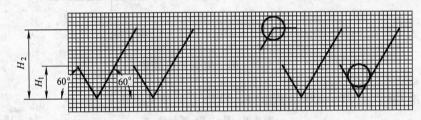

图 8-24　图形符号的画法

表8-10 图形符号的尺寸　（单位：mm）

数字与字母的高度 h	2.5	3.5	5	7	10	14	20
高度 H_1	3.5	5	7	10	14	20	28
高度 H_2（最小值）	7.5	10.5	15	21	30	42	60

注：H_2 取决于标注内容。

表8-11 表面结构代号示例

代　号	含义/说明
$Ra\,1.6$	表示去除材料，单向上限值，默认传输带，R 轮廓，粗糙度算术平均偏差 1.6μm，评定长度为 5 个取样长度（默认），"16% 规则"（默认）
$Rz\,\max0.2$	表示不允许去除材料，单向上限值，默认传输带，R 轮廓，粗糙度最大高度的最大值 0.2μm，评定长度为 5 个取样长度（默认），"最大规则"
U $Ra\,\max3.2$ L $Ra\,0.8$	表示不允许去除材料，双向极限值，两极限值均使用默认传输带，R 轮廓，上限值：算术平均偏差 3.2μm，评定长度为 5 个取样长度（默认），"最大规则"，下限值：算术平均偏差 0.8μm，评定长度为 5 个取样长度（默认），"16% 规则"（默认）
铣 $-0.8/Ra3\,6.3$	表示去除材料，单向上限值，传输带：根据 GB/T 6062，取样长度 0.8mm，R 轮廓，算术平均偏差极限值 6.3μm，评定长度包含 3 个取样长度，"16% 规则"（默认），加工方法：铣削，纹理垂直于视图所在的投影面

3. 表面结构要求在图样中的标注

表面结构要求在图样中的标注实例见表 8-12。

表 8-12　表面结构要求在图样中的标注实例

说　明	实　例
表面结构要求对每一表面一般只标注一次，并尽可能注在相应的尺寸及其公差的同一视图上 表面结构的注写和读取方向与尺寸的注写和读取方向一致	
表面结构要求可标注在轮廓线或其延长线上，其符号应从材料外指向并接触表面。必要时表面结构符号也可用带箭头或黑点的指引线引出标注	
在不致引起误解时，表面结构要求可以标注在给定的尺寸线上	
表面结构要求可以标注在几何公差框格的上方	
如果在工件的多数表面有相同的表面结构要求，则其表面结构要求可统一标注在图样的标题栏附近，此时，表面结构要求的代号后面应有以下两种情况：①在圆括号内给出无任何其他标注的基本符号（图 a）；②在圆括号内给出不同的表面结构要求（图 b）	

（续）

说　　明	实　　例
当多个表面有相同的表面结构要求或图纸空间有限时，可以采用简化注法 ①用带字母的完整图形符号，以等式的形式，在图形或标题栏附近，对有相同表面结构要求的表面进行简化标注（图a） ②用基本图形符号或扩展图形符号，以等式的形式给出对多个表面共同的表面结构要求（图b）	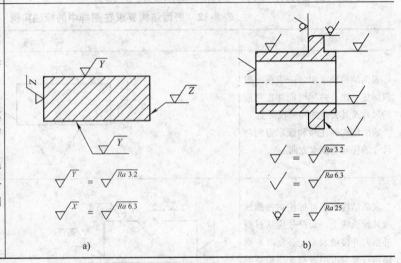 a)　　　　　　　　　　b)

4. 表面粗糙度数值的选择

1）在满足零件表面功能要求的情况下，尽量选用大一些的数值。

2）一般情况下，同一个零件上，工作表面（或配合面）的粗糙度数值应小于非工作面（或非配合面）的数值。

3）摩擦面、承受高压和交变载荷的工作面的粗糙度数值应小一些。

4）尺寸精度和形状精度要求高的表面，粗糙度数值应小一些。

5）要求耐腐蚀的零件表面，粗糙度数值应小一些。

6）有关标准已对表面粗糙度要求作出规定的，应按相应标准确定表面粗糙度数值

5. 表面粗糙度检测方法

1）比较法是将被检工件表面与标有一定评定参数值的粗糙度标准样块，借助视觉、触觉、放大镜或显微镜进行比较而获得被检表面粗糙度的一种方法。

2）光切法是一种应用光切原理测量表面粗糙度的方法。用光切显微镜可测量 Rz。

3）针描法是应用最广的表面粗糙度测量方法，它是通过金刚石触针在被测表面上慢慢滑移，触针随表面轮廓的峰谷起伏而上下振动，经传感器转换为电信号的一种测量方法。表面粗糙度仪（如图8-25所

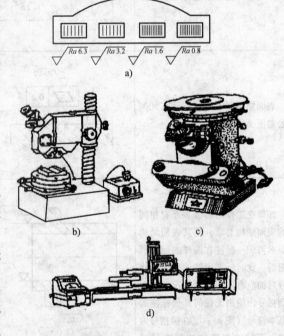

图8-25　表面粗糙度仪

a）表面粗糙度样板　b）双管显微镜

c）干涉显微镜　d）电动轮廓仪

示）即是按针描法原理工作的量仪。

四、任务实施

结果见表 8-11。

【能 力 训 练】

1. 什么是互换性？举日常生活的实例说明互换性的意义。
2. 什么是零件的几何要素？零件的几何要素有几类？
3. 什么是被测要素和基准要素？
4. 形状公差和位置公差的概念是什么？
5. 公差带的概念及组成要素是什么？
6. 用图示说明几何公差符号及基准符号的组成。
7. 被测要素和基准要素分别为轮廓要素和中心要素时，在图样上如何标注？

模块9 零件图

课题1 零件图概述

任务　识读铣刀头座体零件图内容

知识点：

1. 了解零件图的概念和作用。

2. 掌握零件图的内容。

技能点：

准确识读零件图的内容。

一、任务引入

读图9-1所示铣刀头座体零件图的内容。

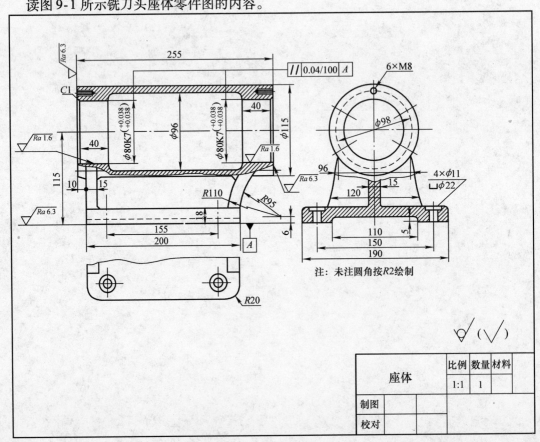

图9-1　铣刀头座体零件图

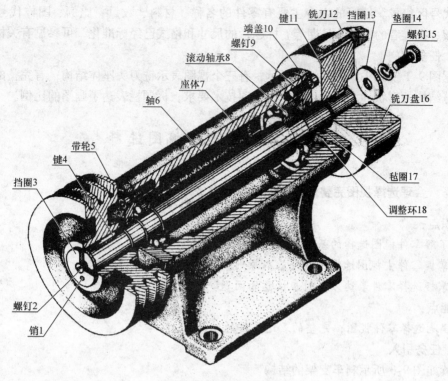

键11 铣刀12 挡圈13 垫圈14
端盖10 螺钉15
螺钉9
滚动轴承8
座体7
轴6 铣刀盘16
带轮5
键4
挡圈3 毡圈17
调整环18
螺钉2
销1

图 9-2 铣刀头轴测图

二、任务分析

任何机器或部件都是由若干零件按一定要求装配而成的。图 9-2 所示的铣刀头是铣床上的一个部件，供装铣刀盘用。它是由座体 7、轴 6、端盖 10、带轮 5 等十多种零件组成的。图 9-1 所示即是其中座体的零件图。

三、知识准备

1. 零件图的概念

零件图是表示机器零件的结构形状、尺寸大小及其技术要求的图样。零件图是生产中指导制造和检验该零件的主要图样，它不仅仅是把零件的内、外结构形状和大小表达清楚，还需要对零件的材料、加工、检验、测量提出必要的技术要求。零件图必须包含制造和检验零件的全部技术资料。

2. 零件图的内容

一张完整的零件图一般应包括以下几项内容（图 9-2）：

（1）一组视图（包括剖视、断面等） 用于正确、完整、清晰和简便地表达出零件内外形状的图形，其中包括机件的各种表达方法，如视图、剖视图、断面图、局部放大图和简化画法等。

（2）完整的尺寸 零件图中应正确、完整、清晰、合理地注出制造零件所需的全部尺寸。

（3）技术要求 标明零件制造、检验、装配中应达到的技术指标。如表面粗糙度、几何公差、尺寸公差及热处理等。

（4）标题栏 标题栏应配置在图框的右下角。它一般由更改区、签字区、其他区、名称以及代号区组成。填写的内容主要有零件的名称、材料、数量、比例、图样代号以及设计、审核、批准者的姓名、日期等。标题栏的尺寸和格式已经标准化，可参见有关标准。

四、任务实施

根据图 9-1 铣刀头座体零件图所示，有三个视图表示铣刀头座体结构；有完整的尺寸表达各部分结构的形状、大小、公差；有 2 项技术要求；标题栏表达了画图的比例。

课题 2 零件图的视图选择

任务 合理选择视图完整地表达零件的结构

知识点：

1. 了解零件视图选择的基本要求。

2. 掌握零件主视图选择的两个基本原则。

3. 掌握选择零件表达方案时应注意的问题。

技能点：

合理地选择零件视图，完整的表达零件的结构。

一、任务引入

识读如图 9-3 所示刹车支架的结构

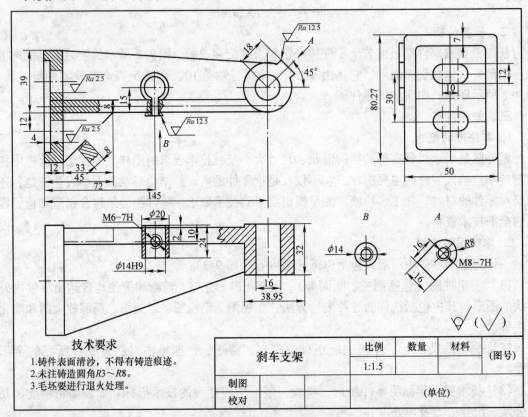

图 9-3 刹车支架的零件图

二、任务分析

零件的表达方案选择，应首先考虑看图方便。根据零件的结构特点，选用适当的表示方法。由于零件的结构形状是多种多样的，所以在画图前，应对零件进行结构形状分析，结合零件的工作位置和加工位置，选择最能反映零件形状特征的视图作为主视图，并选好其他视图，以确定一组最佳的表达方案。

三、知识准备

1. 零件图的视图选择原则

正确、完整、清晰地表达零件的全部结构形状，并便于读图和画图。

2. 零件结构分析

零件分析是认识零件的过程，是确定零件表达方案的前提。零件的结构形状及其工作位置或加工位置不同，视图选择也往往不同。因此，在选择视图之前，应首先对零件进行形体分析和结构分析，并了解零件的工作和加工情况，以便确切地表达零件的结构形状，反映零件的设计和工艺要求。

3. 主视图选择原则

主视图是表达零件形状最重要的视图，其选择是否合理将直接影响其他视图的选择和看图是否方便，甚至影响到画图时图幅的合理利用。一般来说，零件主视图的选择应满足"合理位置"和"形状特征"两个基本原则。

1）确定零件的安放位置，尽量符合零件的主要加工位置或工作（安装）位置（图9-4）。

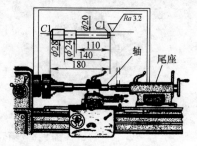

图9-4　轴类零件的加工位置

2）确定零件主视图的投影方向，其原则是选择最能明显地反映零件形状和结构特征以及各组成形体之间的相互关系的那个方向。

4. 其他视图的选择

1）全面考虑所需要的其他视图，每个视图有一个表达重点，视图数量尽量少。

2）优先采用基本视图及在基本视图上作剖视图。局部视图或斜视图应尽可能按投影关系配置。

3）布图合理。

5. 零件表达方案选择举例

零件分为轴套类、轮盘类、叉架类和箱壳类四大类，如图9-5～图9-8所示。

图9-5　轴套类零件

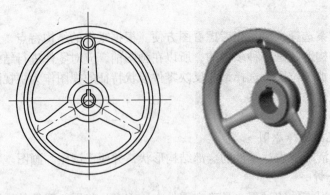

图 9-6　轮盘类零件

图 9-7　叉架类零件

图 9-8　箱壳类零件

（1）轴套类零件

1）零件结构分析：该类零件大多由位于同一轴线上数段直径不同的回转体组成，它们长度方向的尺寸一般比回转体直径大，常见的结构有倒角、圆角、退刀槽、键槽。

2）表达方法：该类零件一般多在车床、磨床上加工（以图 9-9 所示转子为例）。

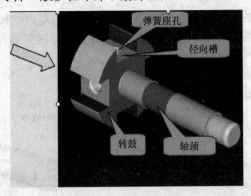

图 9-9　转子（轴类零件）

①主视图安放位置及其投影方向：符合加工位置，即将轴线放成水平位置，用一个基本视图把轴上各段回转体的相对位置和形状表达清楚。

②用断面图、局部视图、局部剖视图或局部放大图等表达方式表示轴上的结构形状。

③空心轴套因存在内部结构，可用全剖视或半剖视图表示。

④其他视图选择　采用左视图表达转鼓上的四条槽，以局部剖视图表达弹簧的深度。键槽和退刀槽结构则采用断面图和局部放大图表达。

该轴类零件转子的表达方法如图 9-10 所示，套类零件柱塞泵的表达方法如图 9-11 所示。

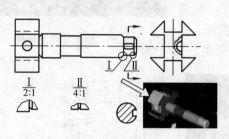

图 9-10　转子的表达方法

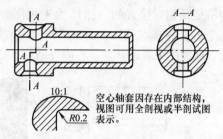

图 9-11　柱塞泵的表达方法

（2）轮盘类零件

1）零件结构分析：该类零件包括手轮、皮带轮、端盖、盘等，主体一般为回转体或其他平板形，回转体直径一般比长度方向的尺寸大，通常由铸或锻成毛坯，经切削而成。常见的结构有凸台、凹坑、螺孔、销孔、轮辐、键槽等，常在车床、磨床上加工。

2）表达方法：该类零件通常采用主、左或主、俯两个视图（图 9-12）

①主视图的选择。一般选取轴线水平放置，用单一剖切面或旋转剖、阶梯剖等剖切方法作全剖视或半剖视表示各部分结构之间的相对位置。

②其他视图的选择。可用断面、局部剖视、局部放大图等方法表达细节。

（3）叉架类零件

1）零件结构分析：该类零件在机器中起支撑作用，通常有轴座或拨叉几个主体部分，用不同截面形状的肋板或实心杆件支撑连接而成。通常由铸或模锻成毛坯，经必要的机械加工而成。

2）表达方法（图 9-13）：一般以工作位置或自然位置为安放位置，以形状结构特征方向为主视图方向，用两个或两个以上的基本视图表达，根据结构辅以斜视图或局部视图。用斜剖等方式表达内部结构。对于连接支撑部分，可用断面图表示。

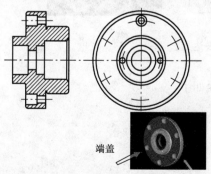

图 9-12　端盖的表达方法

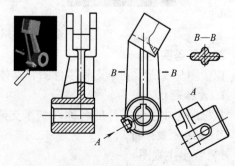

图 9-13　拨叉的表达方法

（4）箱壳类零件

1）结构分析：箱壳类零件指箱体、阀体、泵体等，其内外结构比较复杂，在机器中起支撑和包容作用。由铸造成毛坯，经必要的机械加工而成，有加强肋、凹坑、凸台等结构。如图 9-14 所示蜗轮箱体即如此。

2）表达方法：箱壳类零件由于结构比较复杂，加工工序较多，在不同机床上加工的位置也有多种。对于这类零件，通常是按照其工作位置放置，然后再选择最能表达结构特征及相对位置的一面作为主视图投影方向。一般需要三个以上的基本视图，并根据需要选择合适的视图、剖视图、断面图来表达其复杂的内外结构，如图 9-15 所示。

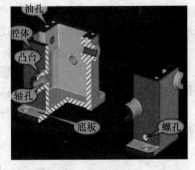

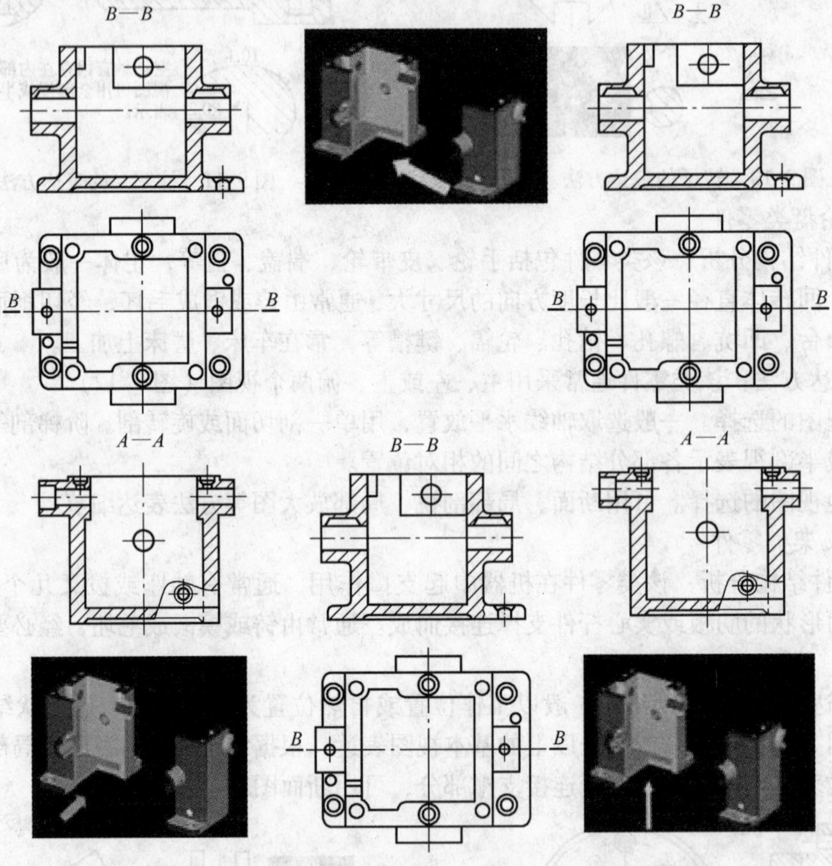

图 9-14　蜗轮箱体立体图

图 9-15　蜗轮箱体的表达方法

四、任务实施

识读图 9-3 所示刹车支架零件图，具体读图过程如下。

1. 看标题栏

从标题栏中了解零件的名称（刹车支架）、材料（HT200）等。

2. 表达方案分析

1）找出主视图。

2）分析用多少视图、剖视、断面等，找出它们的名称、相互位置和投影关系。

3）凡有剖视、断面处要找到剖切平面位置。

4）有局部视图和斜视图的地方必须找到表示投影部位的字母和表示投影方向的箭头。

5）有无局部放大图及简化画法。

该支架零件图由主视图、俯视图、左视图、一个局部视图、一个斜视图、一个移出断面组成。主视图上用了两个局部剖视和一个重合断面，俯视图上也用了两个局部剖视，左视图只画外形图，用以补充表示某些形体的相关位置。

3. 进行形体分析和线面分析

1）先看大致轮廓，再分几个较大的独立部分进行形体分析，逐一看懂。

2）对外部结构逐个分析。

3）对内部结构逐个分析。

4）对不便于形体分析的部分进行线面分析。

课题 3　零件图的尺寸标注

任务　识读刹车支架的尺寸基准和总体尺寸

知识点：

1. 掌握基准的概念、种类和选择，以及标注尺寸时应注意的事项

2. 了解尺寸配置的形式、常见零件图形上孔的尺寸注法。

技能点：

1. 能够正确选择尺寸基准。

2. 能够准确进行尺寸标注。

一、任务引入

识读图 9-3 所示刹车支架的总体尺寸。

二、任务分析

零件图中的尺寸，不但要按前面的要求标注得正确、完整、清晰，而且必须标注得合理。为了合理地标注尺寸，必须对零件进行结构分析、形体分析和工艺分析，根据分析先确定尺寸基准，然后选择合理的标注形式，结合零件的具体情况标注尺寸。

三、知识准备

1. 合理选择尺寸基准

尺寸基准是度量尺寸的基准。在生产实践中，常取零件的主要加工面、安装面、对称面、轴肩端面以及主要回转轴线等作为尺寸基准，如图 9-16 所示。

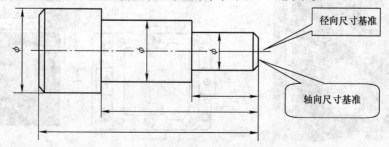

图 9-16　阶梯轴尺寸基准的选择

每个零件在长、宽、高方向上都应有一个主要尺寸基准，该基准一般用来确定主要尺寸。根据设计、加工测量上的要求，一般还需辅助基准。主要基准和辅助基准之间应有直接联系的尺寸。

（1）轴套类零件　该类零件通常以轴肩为长度方向的主要尺寸基准，而以回转体轴线作为另两个方向的尺寸基准，如图9-17所示。

（2）轮盘类零件　通常以主要回转面的轴线为径向尺寸基准，轴向尺寸一般以装配时的结合面为基准，如图9-18所示。

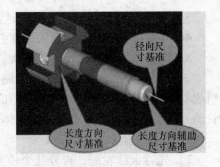

图9-17　轴套类零件基准选择

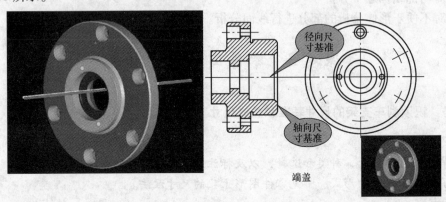

图9-18　轮盘类零件基准选择

（3）叉架类零件　常以主要轴线、对称平面、安装平面或较大的端面作为长、宽、高三方向的尺寸基准，如图9-19所示。

（4）箱壳类零件　箱壳类零件由于形体比较复杂，尺寸数量较多，通常运用形体分析法来标注尺寸，选用主要孔的轴线、零件的对称面或底面、端面、结合面为尺寸基准，注出孔的中心距或轴线与底面的中心高。

图9-19　叉架类零件基准选择

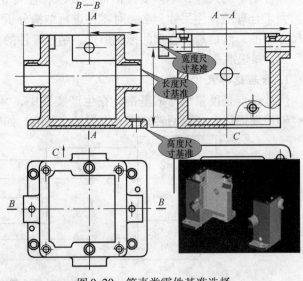

图9-20　箱壳类零件基准选择

2. 尺寸的合理标注原则

1）结构上的主要尺寸必须直接。如图 9-21 所示，主要尺寸是指影响零件质量、保证机器性能的尺寸。

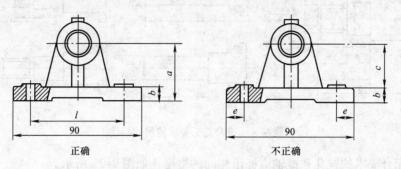

正确   不正确

图 9-21　轴承座的主要尺寸标注

2）避免出现封闭的尺寸链。封闭的尺寸链是指一个零件同一方向上的尺寸像车链一样，一环扣一环首尾相连，成为封闭形状的情况。形成封闭的尺寸链，在机器生产中是不允许的，因为各段尺寸加工不可能绝对准确，总有一定尺寸误差，而各段尺寸误差的和不可能正好等于总体尺寸的误差，如图 9-22 所示。

◆ 尺寸封闭链

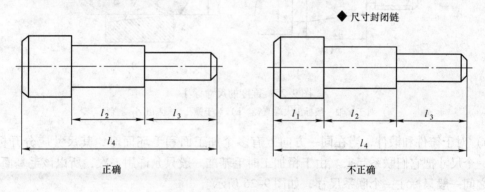

正确   不正确

图 9-22　尺寸链的封闭与开口

3）应考虑测量方便。尺寸标注有多种方案，但要注意所注尺寸是否便于测量，如图 9-23 所示结构，两种不同标注方案中，不便于测量的标注方案是不合理的。

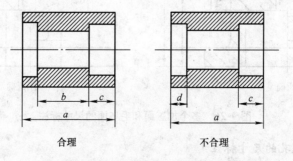

合理   不合理

图 9-23　便于测量的尺寸标注

4）应尽量符合加工顺序，如图9-24所示。

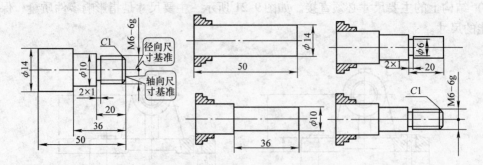

图9-24　符合加工要求的尺寸标注

5）有配合要求的锥孔和锥轴应标出相同的锥度，如图9-25所示。

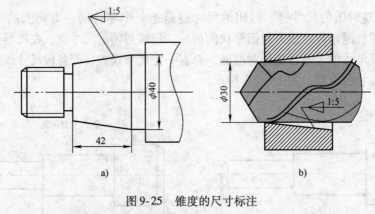

a)　　　　　　　　　　　　　　b)

图9-25　锥度的尺寸标注
a）对于锥轴一般标出大端直径　b）对于锥孔一般标出小端直径

6）对于铸件和锻件，当在同一方向上有多个加工面和毛坯面时，其尺寸应分开标注，并用一个尺寸把它们联系起来。由于粗加工时毛基准一般只允许用一次，所以该毛基面与加工面之间一般只标注一个联系尺寸，如图9-26所示。

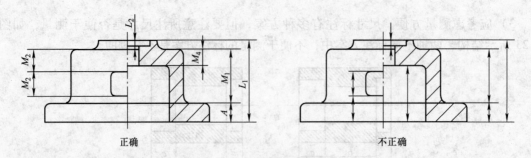

正确　　　　　　　　　　　　　　不正确

图9-26　多个加工面和毛坯面的尺寸标注

3. 零件图上常见孔的尺寸标注

光孔、锪孔、沉孔和螺孔是零件图上常见的结构。常见孔的尺寸标注见表9-1。

表 9-1 常见孔的尺寸标注

零件结构要素		标注方法	说 明
光孔	一般孔		光孔的深度为 10 的四个圆销孔
	锥销孔		锥销孔通常是在装配时两零件装在一起加工
螺孔	通孔		3 个均匀分布的螺孔，螺孔的公称直径为 6
	不通孔		螺孔的深度为 10，光孔的深度为 13
沉孔	柱形沉孔		小孔直径为 6.4 大孔直径为 12，深 4.5
	锥形沉孔		小孔直径为 6 锥孔大端的直径为 13，锥角为 90°
	锪平面		小孔直径为 9，大孔直径为 20，深度为 1～2，一般锪平到不出毛面为止

四、任务实施

标注图9-3所示刹车支架各部分的形体尺寸，按形体分析法确定。标注尺寸的基准是：长度方向以左端面为基准，从它注出的定位尺寸有72和145；宽度方向以经加工的右圆筒端面和中间圆筒端面为基准，从它注出的定位尺寸有2和10；高度方向的基准是右圆筒与左端底板相连的水平板的底面，从它注出的定位尺寸有12、16。

课题4　零件图中常见的工艺结构

任务　绘制常见的工艺结构并标注尺寸

知识点：

1. 了解常用的零件铸造工艺结构和机械加工工艺结构。

2. 熟悉零件上常见的工艺结构和用途，掌握它们的查表方法和尺寸标注。

技能点：

准确绘制零件图中的常见结构。

一、任务引入

绘制零件图上常见的工艺结构并标注尺寸。

二、任务分析

零件上常见的工艺结构有铸造零件的工艺结构、机械加工零件的工艺结构。要求了解零件上常见的工艺结构和用途，掌握它们的查表方法和尺寸标注方法，准确地把常见的工艺结构绘制在图样上。

三、知识准备

1. 铸造零件的工艺结构

（1）脱模斜度　用铸造方法制造零件的毛坯时，为了便于将木模从砂型中取出，一般沿木模拔模的方向作成约1:20的斜度，叫做脱模斜度。因而铸件上也有相应的斜度，如图9-27a所示。这种斜度在图上可以不标注，也可不画出，如图9-27b所示。必要时，可在技术要求中注明。

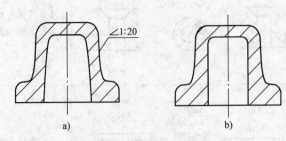

图9-27　脱模斜度的标注

a）斜度注出　b）无特殊要求斜度可不标出

（2）铸造圆角　由于尖角不但在拔模和铸造过程中容易使该处的型砂损坏，而且金属冷却收缩时在尖角处容易开裂或产生缩孔。铸件各表面的相交处不能作成尖角，如图 9-28 所示。

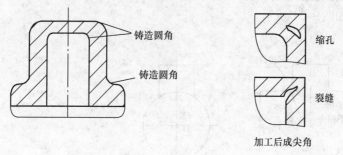

铸造圆角

铸造圆角

缩孔

裂缝

加工后成尖角

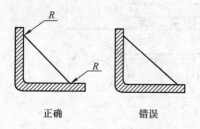

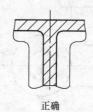

正确　　　错误　　　正确　　　错误

图 9-28　铸造圆角

1）铸造圆角半径一般为 3～5mm，在图中不直接标出，如图 9-29 所示，而在标题栏上方技术要求中统一注写。

2）浇铸空心铸件时，为了避免各部分因为冷却速度不同而产生缩孔或裂纹，铸件壁厚应保持均匀或逐渐变化，如图 9-30 所示。

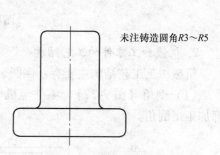

未注铸造圆角 R3～R5

图 9-29　铸造圆角的标注

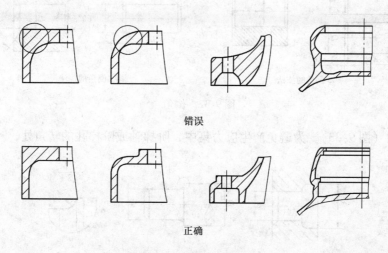

错误

正确

图 9-30　铸件壁厚的变化

（3）过渡线　铸件表面由于圆角的存在，使铸件表面的交线变得不很明显，如图这种不明显的交线称为过渡线。过渡线的画法与交线画法基本相同，只是过渡线的两端与圆角轮廓线之间应留有空隙，如图9-31所示。

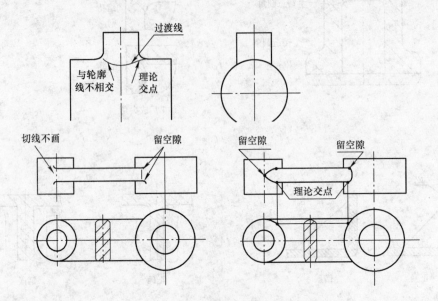

图9-31　过渡线的画法

2. 机械加工零件的工艺结构

机械加工工艺结构主要有：倒圆、倒角、越程槽、退刀槽、凸台和凹坑、中心孔等。

（1）倒角（图9-32）　零件经机械加工后，为了便于装配和避免尖角、毛刺等，一般都加工出倒角。

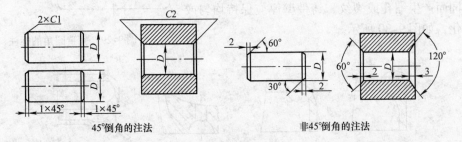

图9-32　倒角

（2）倒圆（图9-33）　为避免产生应力集中，阶梯轴或阶梯孔的转角处，一般要倒圆。

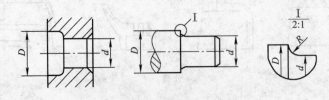

图9-33　倒圆

（3）退刀槽和砂轮越程槽（图 9-34） 为保证轴上或内孔相邻表面间的加工精度和表面粗糙度，常在两表面交接处加工出退刀槽和砂轮越程槽。

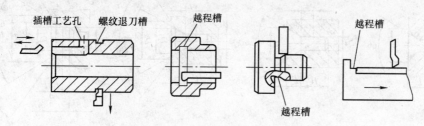

图 9-34 退刀槽和砂轮越程槽

（4）钻孔结构 钻孔时，应尽可能使钻头轴线与被钻孔表面垂直，以保证孔的精度和避免钻头弯曲或折断，如图 9-35 所示。

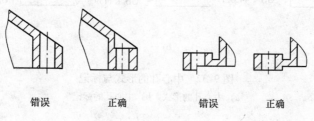

图 9-35 钻孔端面

（5）凸台和凹坑 零件的接触面一般都要经过切削加工。为了节省加工工作量，减少接触面积以增加装配时的稳定性，在铸件毛坯上常做出凸台和凹坑，如图 9-36 所示。

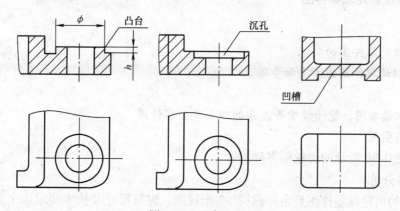

图 9-36 凸台和凹坑

（6）中心孔 对于重要的、较长的轴类零件，常采用中心孔定心及支撑后进行加工。若采用标准中心孔，在图样中可不绘制详细结构，只注出其代号即可，中心孔的形式及标记如图 9-37 所示。

四、任务实施

零件图上常见的工艺结构的画法和尺寸标注的方法见知识准备的具体内容。

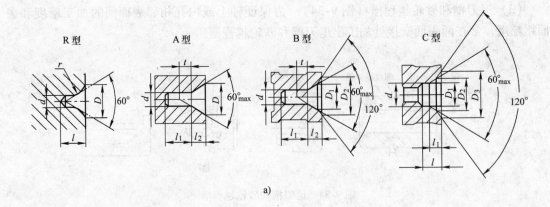

图 9-37　中心孔的形式与标记

a）中心孔的形式　b）中心孔的标记

课题 5　识读零件图的方法和步骤

任务　识读齿轮轴零件图

知识点：

1. 了解识读零件图的要求。

2. 掌握识读零件图的方法和步骤。

技能点：

能正确识读零图，能读懂中等复杂的四类典型零件图。

一、任务引入

识读如图 9-38 所示的齿轮轴零件图。

二、任务分析

图 9-38 的齿轮轴零件图是由标题栏、2 个视图、完整尺寸及技术要求四个部分组成的。识读零件图包括完整准确地读出齿轮轴的材料、比例、各部分结构形状、各部分尺寸的大小、几何公差要求、表面粗糙度要求和技术要求等，为制造出齿轮轴做准备。

三、知识准备

1. 读零件图的要求

1）了解零件的名称、用途、材料和数量等。

2）了解组成零件各部分结构形状的特点、功用，以及它们之间的相对位置。

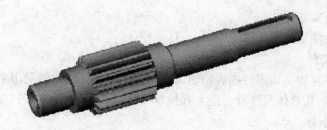

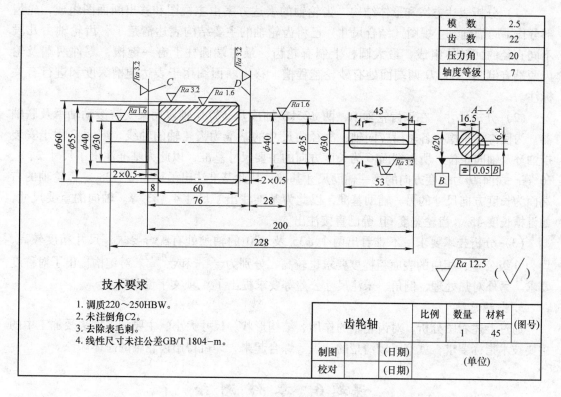

模　数	2.5
齿　数	22
压力角	20
轴度等级	7

技术要求

1. 调质220～250HBW。
2. 未注倒角C2。
3. 去除表毛刺。
4. 线性尺寸未注公差GB/T 1804－m。

齿轮轴		比例	数量	材料	（图号）
			1	45	
制图		（日期）		（单位）	
校对		（日期）			

图 9-38　齿轮轴零件图

3）了解零件的尺寸标注、制造方法和技术要求。

2. 读零件图的方法和步骤

1）分析标题栏。从标题栏了解零件的名称，推断其作用及其形体特点。从材料栏了解零件的材料。若为铸件，应有铸造工艺结构的特点。

2）分析视图。首先找出主视图及其他基本视图、局部视图等，了解各视图的作用以及它们之间的关系、表达方法和内容。

3）根据投影关系，进行形体分析，想象出零件整体结构形状。利用形体分析法，逐个看懂个组成部分的形状和相对位置。先看主要部分，后看次要部分；先外形，后内形。

4）分析尺寸，明确技术要求。看图分析尺寸时，一是要找出尺寸基准，二是要分清主要尺寸和非主要尺寸。在技术要求方面，应对表面粗糙度、尺寸公差、形位公差等作详细分析。

5）综合考虑。综上所述，将零件的结构形状、尺寸标注及技术要求综合起来，就能比较全面地识读这张零件图。在实际读图过程中，上述步骤常常是穿插进行的。

四、任务实施

识读齿轮轴零件图具体过程。

1. 概括了解

从标题栏可知，该零件叫齿轮轴，属于轴类零件。齿轮轴是用来传递动力和运动的，其材料为45钢。从总体尺寸看，最大直径60，总长228，属于较小的零件。

2. 详细分析

（1）分析表达方案和形体结构 齿轮轴的表达方案由主视图和移出断面图组成，轮齿部分作了局部剖。主视图（结合尺寸）已将齿轮轴的主要结构表达清楚了，齿轮轴由几段不同直径的回转体组成，最大圆柱上制有轮齿，最右端圆柱上有一键槽，零件两端及轮齿两端有倒角，C、D两端面处有砂轮越程槽。移出断面图用于表达键槽深度和进行有关标注。

（2）分析尺寸 在该齿轮轴中，两 $\phi35k6$ 轴段及 $\phi20r6$ 轴段用来安装滚动轴承及联轴器。为使传动平稳，各轴段应同轴，故径向尺寸的基准为齿轮轴的轴线。端面 C 用于安装挡油环及轴向定位，所以端面 C 为长度方向的主要尺寸基准，以此为基准注出了尺寸2、8、76 等。端面 D 为长度方向的第一辅助尺寸基准，从此基准注出了尺寸2、28。齿轮轴的右端面为长度方向尺寸的另一辅助基准，以此为基准注出了尺寸4、53 等。轴向的重要尺寸，如键槽长度45、齿轮宽度60 等已直接注出。

（3）分析技术要求 不难看出两个 $\phi35$ 及 $\phi20$ 的轴颈处有配合要求，尺寸精度较高，均为6级公差，相应的表面粗糙度要求也较高，分别为 $\sqrt{^{Ra1.6}}$ 和 $\sqrt{^{Ra3.2}}$。对键槽提出了对称度要求。另外对热处理、倒角、未注尺寸公差等要求提出了4项文字说明要求。

3. 归纳总结

通过上述看图分析，对齿轮轴的作用、结构形状、尺寸大小、主要加工方法及加工中的主要技术指标要求，就有了较清楚的认识。综合起来，即可得出齿轮轴的总体印象。

课题 6 零件测绘

任务 对齿轮油泵泵体进行测绘

知识点：

1. 掌握零件测绘的方法和步骤。

2. 掌握零件尺寸的测量方法。

技能点：

能用正确的画图步骤徒手绘制零件草图，并能根据零件草图用仪器绘制零件图。

一、任务引入

对如图9-39所示齿轮油泵的泵体零件进行测绘。

二、任务分析

零件的测绘就是根据实际零件测量出它的尺寸、画出它的图形。并制订出技术要求。测绘时，首先以徒手画出零件草图，然后根据该草图画出零件工作图。在仿造和修配机器部件以及技术改造时，常常要进行零件测绘，因此，它是工程技术人员必备的技能之一。

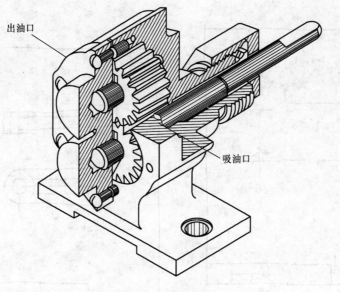

出油口

吸油口

图 9-39　泵体轴测图

三、知识准备

1. 零件测绘的方法和步骤

（1）分析零件　为了把被测零件准确完整地表达出来，应先对被测零件进行认真地分析，了解零件的类型、在机器中的作用、所使用的材料及大致的加工方法。

（2）确定零件的视图表达方案　关于零件的表达方案，前面已经讨论过。需要重申的是，一个零件，其表达方案并非是唯一的，可多考虑几种方案，选择最佳方案。

（3）目测徒手画出零件草图　零件的表达方案确定后，便可按下列步骤画出零件草图。

1）确定绘图比例：根据零件大小、视图数量、现有图纸大小，确定适当的比例。

2）定位布局：根据所选比例，粗略确定各视图应占的图纸面积，在图纸上作出主要视图的作图基准线，中心线。注意留出标注尺寸和画其他补充视图的地方，如图 9-40a 所示。

3）详细画出零件的内外结构和形状；如图 9-40b 所示，注意各部分结构之间的比例应协调。

4）检查、加深有关图线。

5）画尺寸界线、尺寸线：将应该标注的尺寸的尺寸界线、尺寸线全部画出，如图 9-40c 所示。

6）集中测量、注写各个尺寸：注意最好不要画一个、量一个、注写一个。这样不但费时，而且容易将某些尺寸遗漏或注错。

7）注写技术要求：根据实践经验或用样板比较，确定表面粗糙度；查阅有关资料，确定零件的材料、尺寸公差、几何公差及热处理等要求，如图 9-40d 所示。

8）最后检查、修改全图并填写标题栏，完成草图，如图 9-40d 所示。

（4）根据草图画零件图

2. 零件尺寸的测量方法

测量尺寸是零件测绘过程中一个很重要的环节，测绘的过程是先"绘"后"测"，即在画完草图图形、尺寸界线、尺寸线之后集中测量并填写尺寸数值，这样效率高避免遗漏。尺

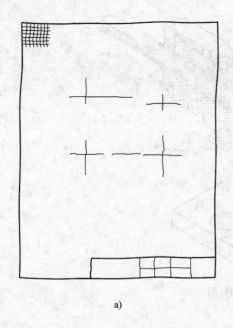

a)

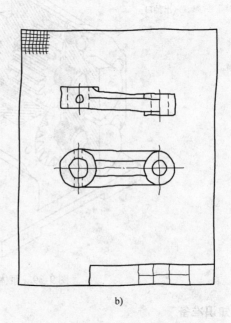

b)

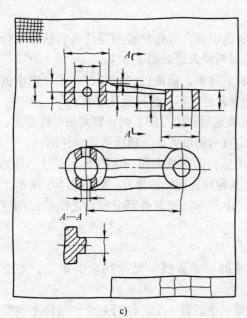

c)

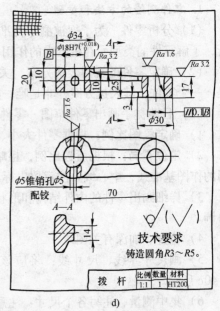

d)

图 9-40　零件草图的绘制步骤

a）布置视图、画中心线、对称中心线及主要基准面轮廓线　b）画各视图的主要部分

c）取剖视、画出全部细节，并画出尺寸界线、尺寸线　d）标注尺寸和有关技术要求，填写标题栏并检查

寸测量得准确与否，将直接影响机器的装配和工作性能，因此，测量尺寸要谨慎。

　　测量时，应根据对尺寸精度要求的不同选用不同的测量工具。常用的量具有钢直尺，内、外卡钳等；精密的量具有游标卡尺、千分尺等；此外，还有专用量具，如螺纹规、圆角规等。如图 9-41～图 9-43 所示为常见尺寸的测量方法。

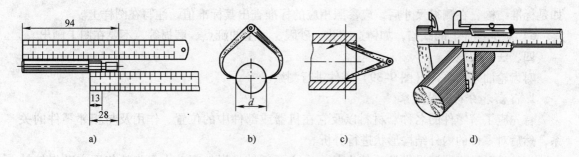

图 9-41 线性尺寸及内径、外径尺寸的测量方法
a）用钢直尺测一般轮廓 b）用外卡钳测外径 c）用内卡钳测内径 d）用游标卡尺测精确尺寸

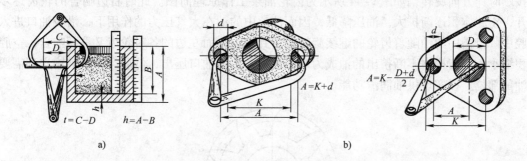

图 9-42 壁厚、孔间距的测量方法
a）用内、外卡钳及直尺测量壁厚 b）用内、外卡钳测量孔间距

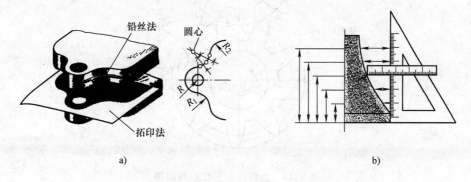

图 9-43 曲面、曲线的测量方法
a）用铅丝法和拓印法测量曲面 b）用坐标法测量曲线

3. 零件测绘的注意事项

1）测量尺寸时，应正确选择测量基准，以减少测量误差。零件上磨损部位的尺寸，应参考其配合的零件的相关尺寸，或参考有关的技术资料予以确定。

2）零件间相配合结构的基本尺寸必须一致，并应精确测量，查阅有关手册，给出恰当的尺寸偏差。

3）零件上的非配合尺寸，如果测得为小数，则应圆整为整数标出。

4）零件上的截交线和相贯线，不能机械地照实物绘制。因为它们常常由于制造上的缺陷而被歪曲。画图时要分析弄清它们是怎样形成的，然后用学过的相应方法画出。

5）要重视零件上的一些细小结构，如倒角、圆角、凹坑、凸台和退刀槽、中心孔等。

如是标准结构，在测得尺寸后，应参照相应的标准查出其标准值，注写在图样上。

6）对于零件上的缺陷，如铸造缩孔、砂眼、加工的疵点、磨损等，不要在图上画出。

四、任务实施

对齿轮油泵的泵体（图9-39）零件进行测绘。

1. 了解和分析测绘对象

首先应了解零件的名称、材料以及它在机器或部件中的位置、作用及与相邻零件的关系，然后对零件的内外结构形状进行分析。

齿轮油泵是机器润滑供油系统中的一个主要部件，当外部动力经齿轮传至主动齿轮轴时，即产生旋转运动。当主动齿轮轴按逆时针方向（从主视图观察）旋转时，从动齿轮轴则按顺时针方向旋转，如图9-44所示为齿轮油泵工作原理简图。此时右边啮合的轮齿逐步分开，空腔体积逐渐扩大，油压降低，因而油池中的油在大气压力的作用下，沿吸油口进入泵腔中。齿槽中的油随着齿轮的继续旋转被带到左边；而左边的各对轮齿又重新啮合，空腔体积缩小，使齿槽中不断挤出的油成为高压油，并由压油口压出，然后经管道被输送到需要供油的部位。以实现供油润滑功能。

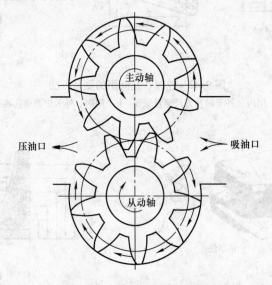

图9-44 齿轮油泵工作原理简图

泵体是泵上的一个主体件，属于箱体类零件，材料为铸铁。它的主要作用是容纳一对啮合齿轮及进油、出油通道，在泵体上设置了两个销孔和六个螺孔，是为了使左泵盖和右泵盖与其定位和连接。泵体下部带有凹坑的底板和其上的二个沉孔是为了安装泵。泵体进、出油口孔端的螺孔是为了连接进、出油管等。至此，泵体的结构已基本分析清楚。

2. 确定表达方案

由于泵座的内外结构都比较复杂，应选用主、左、仰三个基本视图。泵体的主视图应按其工作位置及形状结构特征选定。为表达进、出油口的结构与泵腔的关系，应对其中一个孔道进行局部剖视；为表达安装孔的形状也应对其中一个安装孔进行局部剖视。

为表达泵体与底板、出油口的相对位置，左视图应选用A—A旋转剖视图，将泵腔及孔的结构表示清楚。

然后再选用一俯视图表示底板的形状及安装孔的数量、位置。俯视图取向视图。最后选定表达方案如图 9-45 所示。

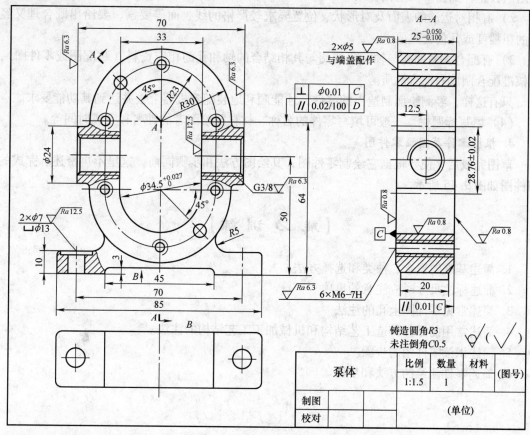

图 9-45　泵体零件图

3. 绘制零件草图

（1）绘制图形　根据选定的表达方案，徒手画出视图、剖视等图形，其作图步骤与画零件图相同。但需注意以下两点：

1）零件上的制造缺陷（如砂眼、气孔等），以及由于长期使用造成的磨损、碰伤等，均不应画出。

2）零件上的细小结构（如铸造圆角、倒角、倒圆、退刀槽、砂轮越程槽、凸台和凹坑等）必须画出。

（2）标注尺寸　先选定基准，再标注尺寸。具体应注意以下三点：

1）先集中画出所有的尺寸界线、尺寸线和箭头，再依次测量、逐个记入尺寸数字。

2）零件上标准结构（如键槽、退刀槽、销孔、中心孔、螺纹等）的尺寸，必须查阅相应国家标准，并予以标准化。

3）与相邻零件的相关尺寸（如泵体上螺孔、销孔、沉孔的定位尺寸，以及有配合关系的尺寸等）一定要一致。

（3）注写技术要求　零件上的表面粗糙度、极限与配合、几何公差等技术要求，通常可采用类比法给出。具体注写时需注意以下三点：

1）主要尺寸要保证其精度。泵体的两轴线、轴线距底面以及有配合关系的尺寸等，都应给出公差，如图9-45所示。

2）有相对运动的表面及对形状、位置要求较严格的线、面等要素，要给出既合理又经济的粗糙度或几何公差要求。

3）有配合关系的孔与轴，要查阅与其相结合的轴和孔的相应资料（装配图或零件图），以核准配合制度和配合性质。

只有这样，经测绘而制造出的零件，才能顺利地装配到机器上去并达到其功能要求。

（4）填写标题栏　一般可填写零件的名称、材料及绘图者的姓名和完成时间等。

4. 根据零件草图画零件图

草图完成后，便要根据它绘制零件图，其绘图方法和步骤同前，这里不再赘述。完成的零件图如图9-45所示。

【能力训练】

1. 简述基准的概念、种类和选择方法。
2. 简述标注尺寸时应注意的事项。
3. 简述常见零件图上孔的注法
4. 简述常用的零件铸造工艺结构和机械加工工艺结构的注法。
5. 简述识读零件图的步骤。
6. 简述零件测绘的方法和步骤。

模块 10　零件的测量

课题 1　测量基础

任务　熟练地使用各种量具

知识点：

1. 了解技术测量的基本概念，计量器具和测量方法的分类。
2. 掌握常用量具的使用方法和注意事项。

技能点：

能正确、熟练地使用常用量具，准确地进行测量。

一、任务引入

学习各种量具的使用方法，准确地测量零件的尺寸和公差数值。

二、任务分析

零件的测量是保证零件是否合格的重要手段，正确使用各种量具、采用适合的测量方法有着十分重要的意义。要了解测量的基本概念，熟练掌握各种量具的使用方法。

三、知识准备

（一）概述

1. 有关测量的基本概念

（1）测量　就是把被测之量与具有计量单位的标准量进行比较，从而确定被测量是计量单位的倍数或分数的实验过程。

（2）检验　是指确定被测几何量是否在规定的极限范围内，从而判定是否合格，而不一定能得出具体的量值。

（3）测量四要素

1）被测对象：在几何量测量中，被测对象是指长度、角度、表面粗糙度、几何误差等。

2）计量单位：用以度量同类量值的标准量。长度的计量单位是米（m），机械制造中常用毫米（mm）作为特定单位。角度的计量单位是度（°）、分（′）、秒（″）。

3）测量方法：指测量器具和测量条件的综合。

4）测量精度：指测量结果与真值一致的程度。

2. 计量器具和测量方法的分类

（1）计量器具的分类

1）量具：量具通常是指结构比较简单的测量工具，包括单值量具、多值量具和标准量具等。

2）量规：量规是一种没有刻度的，用以检验零件尺寸或形状、相互位置的专用检验工具。它只能判定零件是否合格，而不能得出具体尺寸。如光滑极限量规，位置量规等。

3）量仪：量仪即计量仪器，是指能将被测的量值转换成可直接观察的指示值或等效信息的计量具。按工作原理和结构特征，量仪可分为机械式、电动式、光学式、气动式，以及它们的组合形式——光机电一体的现代量仪。

4）测量装置：确定被测量值所必需的计量器具和辅助设备的总体。

（2）计量器具的基本技术指标

1）标尺间距：沿着标尺长度的同一直线测得的两相邻标尺标记之间的距离。

2）标尺间距 1 分度值：对应两相邻标尺标记的两个值之差。

3）示值范围：极限示值界限内的一组值（可被称为标尺范围）。

4）测量范围：测量器具的误差在规定极限内的一组被测量的值。

5）灵敏度：测量仪器的响应变化除以相应的激励变化。

6）示值误差：测量器的示值与对应输入量的真值之差。

7）［测量结果］重复性：在相同测量条件下，同一被测量的连续多次测量结果之间的一致程度。

8）测量不确定度：与测量结果相联系的参数，表征可被合理地赋予被测量的量值的分散特征。

（3）测量方法的分类

1）按是否直接量出所需的量值，分为直接测量和间接测量。

2）按测量时是否与标准器具比较可分为绝对测量和相对测量。

3）按零件被测参数的多少，可分为单项测量和综合测量。

4）按被测零件的表面与测量头是否有机械接触，可分为接触测量和非接触测量。

5）按测量技术在机械制造工艺过程中所起的作用，可分为主动测量和被动测量。

6）按被测工件在测量过程中所处的状态可分为静态测量和动态测量。

3. 测量误差

测量误差产生的原因很多，归纳起来主要有以下几种。

1）计量器具误差

2）方法误差

3）环境误差

4）人为误差

（二）常用量具的使用

经过加工的零件是否合乎图样要求，需要用度量工具进行测量，这种工具简称为量具。由于零件的形状不同，要求的精度不同，所以要用不同的量具测量。

1. 钢直尺

钢直尺是最简单的长度量具。钢直尺可与卡钳配合使用，也可直接用于工件尺寸的测量。钢直尺长度不同有几种规格，如 150mm、300mm、500mm、1000mm 等。切削加工中常用的钢直尺为 150mm，分度值为 1mm。钢直尺如图 10-1 所示，用于测量零件的长度尺寸，它的测量结果不太准确。

2. 内外卡钳

内外卡钳是最简单的比较量具。外卡钳是用来测量外径和平面的（10-2b），内卡钳是

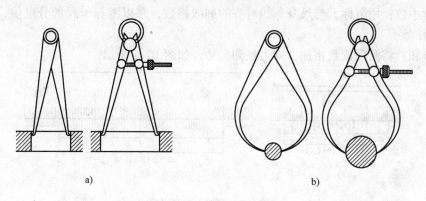

图 10-1　钢直尺

用来测量内径和凹槽的（10-2a）。它们本身都不能直接读出测量结果，而是把测量得的长度尺寸（直径也属于长度尺寸），在钢直尺上进行读数。

图 10-2　内外卡钳

卡钳的适用范围：卡钳是一种简单的量具，由于它具有结构简单，制造方便、价格低廉、维护和使用方便等特点，广泛应用于要求不高的零件尺寸的测量和检验，尤其是对锻铸件毛坯尺寸的测量和检验，卡钳是最合适的测量工具。

3. 游标类量具

游标类量具是利用游标读数原理制成的一种常用量具。应用游标读数原理制成的量具有游标卡尺、高度游标卡尺、深度游标卡尺、游标万能角度尺和齿厚游标卡尺等，用以测量零件的外径、内径、长度、宽度，厚度、高度、深度、角度以及齿轮的齿厚等，应用范围非常广泛。游标量具的分度值有 0.1mm、0.05mm、0.02mm 三种。

（1）游标卡尺的结构　游标卡尺常用的有三用游标卡尺和双面游标卡尺（Ⅲ型）两种，主要由尺身、游标、内量爪、外量爪、深度尺、锁紧螺钉等组成，如图 10-3 所示。

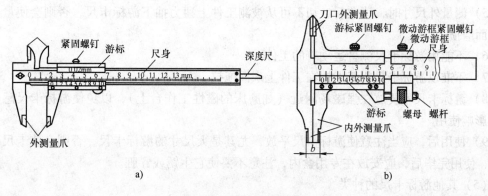

图 10-3　游标卡尺的结构
a）三用游标卡尺　b）双面游标卡尺

（2）游标卡尺的刻线原理（以分度值为0.02mm为例说明） 0.02mm游标卡尺的刻线原理是：尺身每1格长度为1mm，游标总长为49mm，等分50格，每格长度为49/50mm = 0.98mm，则尺身1格和游标1格长度之差为：1mm – 0.98mm = 0.02mm，所以它的分度值为0.02mm。

（3）游标卡尺的读数方法

1）读整数：在尺身上读出位于游标零线左边最接近的整数值（mm）。

2）读小数：用游标上与尺身刻线对齐的刻线格数，乘以游标卡尺的分度值，读出小数部分数值。

3）求和：将两项读数相加，即为被测尺寸，如图10-4所示。

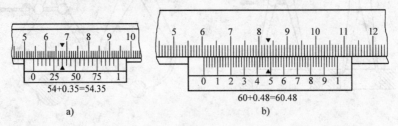

图10-4 游标卡尺的读数

a) 0.05mm游标卡尺的读数方法　b) 0.02mm游标卡尺的读数方法

（4）游标卡尺的使用注意事项

1）使用前，应先把量爪和被测工件表面的灰尘和油污等擦干净，以免碰伤游标卡尺量爪影响测量精度，同时检查各部件的相互作用，如尺框和微动装置移动是否灵活，紧固螺钉是否能起作用等。

2）检查游标卡尺零位，使游标卡尺两量爪紧密贴合，用眼睛观察应无明显的光隙。

3）使用时，要掌握好量爪面同工件表面接触时的压力，既不太大，也不太小，刚好使测量面与工件接触，同时量爪还能沿着工件表面自由滑动。有微动装置的游标卡尺，应使用微动装置。

4）游标卡尺读数时，应把游标卡尺水平地拿着朝亮光的方向，使视线尽可能地和尺上所读的刻线垂直，以免由于视线的歪斜而引起读数误差。

5）测量外尺寸时，读数后，切不可从被测工件上猛力抽下游标卡尺，否则会使量爪的测量面磨损。

6）不能用游标卡尺测量运动着的工件。

7）不准以游标卡尺代替卡钳在工件上来回拖拉。

8）游标卡尺不要放在强磁场附近（如磨床的磁性工作台上），以免使游标卡尺感受磁性，影响使用。

9）使用后，应当注意使游标卡尺平放，尤其是大尺寸的游标卡尺，否则会使卡尺弯曲变形。使用完毕后，应安放在专用盒内，注意不要使它生锈或弄脏。

（5）其他游标卡尺的种类

1）带表卡尺和数显卡尺：其特点是读数直观准确，使用方便而且功能多样。当带表卡尺或数显卡尺测得某一尺寸时，表面或数字显示部分就清晰地显示出测量结果，如图10-5、

图 10-6 所示。数显卡尺使用米制转换键，可用米制和英制两种长度单位分别进行测量。

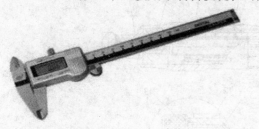

图 10-5 数显卡尺

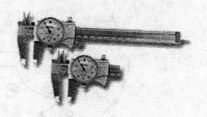

图 10-6 带表卡尺

2）深度游标卡尺：用来测量台阶的高度、孔深和槽深，结构如图 10-7 所示。

3）高度游标卡尺：用来测量零件的高度，又可以直接用量爪划线，是比较精密的量具和划线工具，如图 10-8 所示。

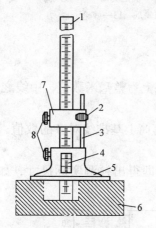

图 10-7   深度游标卡尺

1—尺身 2—微调手轮 3—微调螺杆 4—游标

5—尺座 6—工件 7—微调架 8—紧固螺钉

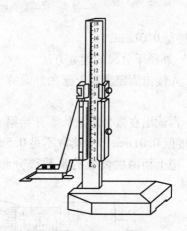

图 10-8   高度游标卡尺

4）齿厚游标卡尺：用来测量齿轮（或蜗杆）的弦齿厚或弦齿高。

4. 千分尺

（1）**定义** 千分尺是测微螺旋副类量具，是利用螺旋副进行测量的一种机械式读数装置。这类量具除了外径千分尺外，还有内径千分尺、深度千分尺。

（2）**优点** 体积小，坚固耐用，测量准确度较高，使用方便，容易调整，测力恒定。

（3）**应用范围** 可以测量工件的各种外形尺寸，如长度、厚度、外径以及凸肩板厚或壁厚等。

（4）**分度值** 0.01mm。

（5）**测量范围** 0 ~ 25mm，25 ~ 50mm，50 ~ 75mm，75 ~ 100mm 等。

（6）**外径千分尺的结构形式**（图 10-9）

（7）**外径千分尺的刻线原理** 测微螺杆右端螺纹螺距为 0.5mm，当微分筒转一周时，就带动测微螺杆轴向移动一个螺距 0.5mm。由于固定套筒上的刻线间距每小格为 0.5mm，微分筒圆锥面上刻有 50 小格的圆周等分刻线，因此当微分筒转过 1 小格时，就代表测微螺

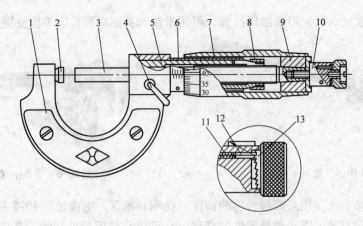

图 10-9　外径千分尺的结构

1—尺架　2—砧座　3—测微螺杆　4—锁紧手柄　5—螺纹套　6—固定套筒　7—微风筒　8—螺母
9—接头　10—测力螺杆　11—弹簧　12—棘轮爪　13—棘轮

杆轴线移动 0.01mm。

（8）外径千分尺的读数方法

1）先读出固定套筒上露在外面的刻线数值，中线之上为整毫米数值，中线之下为半毫米数值。

2）再读出在微分筒上从零开始第 x 条刻线与固定套筒上基准线对齐的数值，x 乘以其测量分度值 0.01mm 即为读数不足 0.5mm 的小数部分。

3）把上面两次读数的整数部分和小数部分相加，即得出被测实际尺寸，如图 10-10 所示。

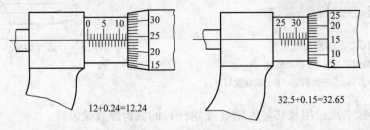

12+0.24=12.24　　　　32.5+0.15=32.65

图 10-10　外径千分尺的读数方法

（9）外径千分尺的使用方法与注意事项

1）选规格　根据被测工件尺寸大小，选用合适规格的千分尺。

2）擦干净　用软布或软纸擦干净测砧、活动测量杆端面和工件的被测表面。

3）校正零位　在千分尺两测量面之间放入校对棒，检查接触情况，不得有明显的漏光现象。同时检查微分筒与固定套筒的零刻线是否对齐。

4）测量　测量时，先转动微分筒，使测微螺杆端面逐渐接近工件被测表面，再转动棘轮，直到棘轮打滑并发出"咔咔"声，表明两测量端面与工件刚好贴合或相切，然后读出测量尺寸值。

5）测量时，千分尺测量轴的中心线应与被测尺寸长度方向一致，不要倾斜。不能在工件转动或加工时测量。不准用千分尺测量粗糙表面。

6）读数值时应注意半毫米数值刻线是否露出，小心错读一圈。

7）退出时，应反转活动套筒，使测微螺杆端面离开工件被测表面后将千分尺退出。

（10）使用外径千分尺的错误方法（图 10-11） 比如用千分尺测量旋转运动中的工件，很容易使千分尺磨损，而且测量也不准确；又如贪图快一点得出读数，握着微分筒来回转等，这也会破坏千分尺的内部结构。

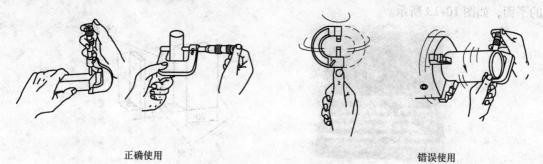

正确使用　　　　　　　　　　　　　　　错误使用

图 10-11　千分尺的使用

（11）其他千分尺　除了外径千分尺外，还有内径千分尺、深度千分尺、螺纹千分尺（用于测量螺纹小径）和公法线千分尺（用于测量齿轮公法线长度）等，如图 10-12 所示。其刻线原理和读数方法与外径千分尺相同。

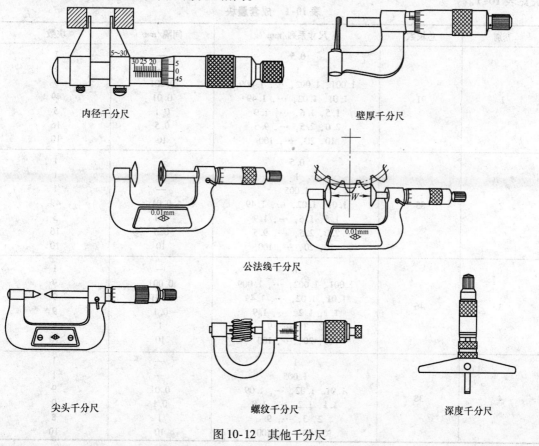

内径千分尺　　　　　　　　　　　　　　壁厚千分尺

公法线千分尺

尖头千分尺　　　　　　　螺纹千分尺　　　　　　　深度千分尺

图 10-12　其他千分尺

5. 量块

量块是机械制造中长度尺寸的标准，它可以对量具和量仪进行检验校正，也可以用于精密划线和精密机床的调整，附件与量块并用时，还可以测量某些精度要求较高的工件尺寸。

量块是用不易变形的耐磨材料（如铬锰钢）制成的小长方形六面体，有两个工作面和四个非工作面。工作面又叫测量面，是一对相互平行且平面度误差及表面粗糙度 Ra 值极小的平面，如图 10-13 所示。

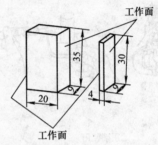

图 10-13　量块的形状

量块的尺寸精度分为 00、0、1、2、3 和 K 级共六级，其中 00 级精度最高，3 级精度最低，K 级为校准级。

量块装在特制的木盒内，一般成套使用，有 46 块一套和 83 块一套等几种。常用成套量块见表 10-1。

表 10-1　成套量块

套别	总块数	尺寸系列/mm	间隔/mm	块数
1	91	0.5	—	1
		1	—	1
		1.001, 1.002, …, 1.009	0.001	9
		1.01, 1.02, …, 1.49	0.01	49
		1.5, 1.6, …, 1.9	0.1	5
		2.0, 2.5, …, 9.5	0.5	16
		10, 20, …, 100	10	10
2	83	0.5	—	1
		1	—	1
		1.005	—	1
		1.01, 1.02, …, 1.49	0.01	49
		1.5, 1.6, …, 1.9	0.1	5
		2.0, 2.5, …, 9.5	0.5	16
		10, 20, …, 100	10	10
3	46	1	—	1
		1.001, 1.002, …, 1.009	0.001	9
		1.01, 1.02, …, 1.49	0.01	9
		1.1, 1.2, …, 1.9	0.1	9
		2, 3, …, 9	1	8
		10, 20, …, 100	10	10
4	38	1	—	1
		1.005	—	1
		1.01, 1.02, …, 1.09	0.01	9
		1.1, 1.2, …, 1.9	0.1	9
		2, 3, …, 9	1	8
		10, 20, …, 100	10	10

量块具有较高的研合性。由于测量面的平行度误差极小，用比较小的压力，把两个量块的测量面相互推合后，就可牢固地贴合在一起。因此可以把不同基本尺寸的量块组合成量块组，得到需要的尺寸。

为了工作方便，减少累积误差，选用量块时，应尽可能选用最少的块数。用 83 块一套的量块，一般不要超过 4 块；用 46 块一套的量块，一般情况下不超过 5 块。计算时，应根据所需组合的尺寸，从最后一位数字开始选择，每选一块，应使尺寸数字的位数减少一位，以此类推，直至组合成完整的尺寸。为了保持量块的精度，延长其使用寿命，一般不允许用量块直接测量工件。

例如，从 83 块一套的量块中选取尺寸为 36.745mm 的量块组，选取方法为：

36.745…………所需尺寸

－1.005…………第一块量块尺寸

－1.24…………第二块量块尺寸

－4.5…………第三块量块尺寸

30.0 …………第四块量块尺寸

利用量块附件可以大大拓宽量块的使用范围，如图 10-14 所示。

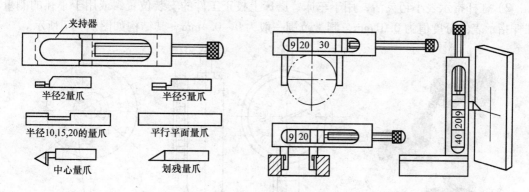

图 10-14 量块的附件及应用

6. 指示表

指示表是一种指示式量仪，主要用来测量工件的尺寸和几何误差，也可以检验机床的几何精度或调整工件的装夹位置。分度值为 0.01mm 时，称为百分表。当分度值为 0.001mm 或 0.005mm 时，称为千分表。

（1）指示表的结构

指示表的外形及结构如图 10-15 所示，主要由测头、量杆、大小齿轮、指针、表盘、表圈等组成。

（2）指示表的刻线原理及读数方法

当百分表的测量杆移动 1mm 时，长针转 1 周。表盘上共等分 100 格，所以长针每转 1 格，齿杆移动 0.01mm。故百分表的分度值为 0.01mm。

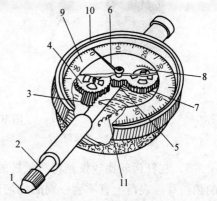

图 10-15 指示表的结构

1—测头 2—量杆 3—小齿轮 4、7—大齿轮
5—中间小齿轮 6—长指针 8—短指针
9—表盘 10—表圈 11—拉簧

（3）指示表的测量范围

通常有 0～3mm，0～5mm 和 0～10mm 三种。

（4）指示表种类

1）内径指示表（图 10-16）是用来测量孔径和孔的形状误差的测量工具，对于测量深孔极为方便。

图 10-16　内径指示表外形

2）杠杆指示表小巧灵活，用于车床、磨床上校正工件的安装位置，或用于小孔的测量。杠杆指示表的分度值为 0.01mm，测量范围一般为 0～0.4mm。其结构如图 10-17 所示。

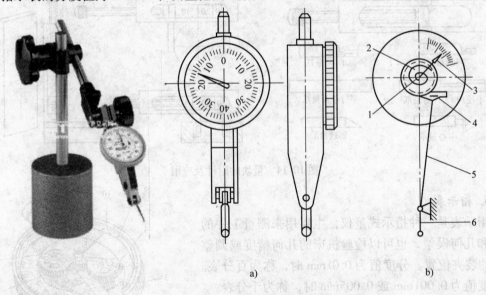

a)　　　　　　　　　b)

图 10-17　杠杆指示表的结构

1—小齿轮　2—大齿轮　3—指针　4—扇形齿轮　5—杠杆　6—测量杆

3）杠杆齿轮比较仪是将测量杆的直线位移，通过杠杆齿轮传动系统变为指针在表盘上的角位移。表盘上有不满一周的均匀刻度。图 10-18 是杠杆齿轮比较仪的外形图和传动示意图。杠杆齿轮比较仪的分度值为 0.001mm，标尺的测量范围为 0～0.1mm。

7. 游标万能角度尺

游标万能角度尺是用来测量工件内外角度的量具。按分度值分为 2′ 和 5′ 两种。按尺身的形状不同分为扇形（Ⅰ型）和圆形（Ⅱ型）。

（1）结构　它由尺身、直角尺、游标、制动器、基尺、直尺、卡块等组成，如图 10-19 所示。

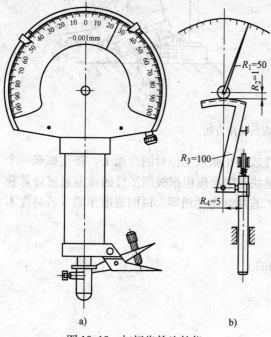

图 10-18　杠杆齿轮比较仪

a) 外形图　b) 传动示意图

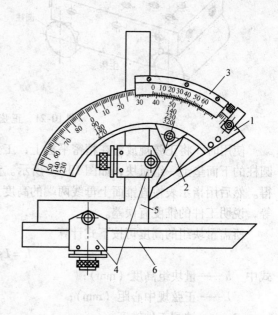

图 10-19　游标万能角度尺的结构

1—尺身　2—基尺　3—游标
4—卡块　5—直角尺　6—直尺

（2）2′游标万能角度尺的刻线原理　尺身刻线每格为 1°，游标共 30 格等分 29°，游标为每格 $29°/30 = 58′$，尺身 1 格和游标 1 格之差为 $1° - 58′ = 2′$，所以它的分度值为 2′。

（3）游标万能角度尺的读数方法　先读出游标尺零刻度前面的整度数，再看游标尺第几条刻线和尺身刻线对齐，读出角度"′"的数值，最后将两者相加就是测量角度的数值。角尺和直尺全装上时，可测量 0°～50° 的外角度；仅装上直尺时，可测量 50°～140° 的角度；仅装上角尺时，可测量 140°～230° 的角度；把角尺和直尺全拆下时，可测量 230°～320° 的角度（即可测量 40°～130° 的内角度），如图 10-20 所示。

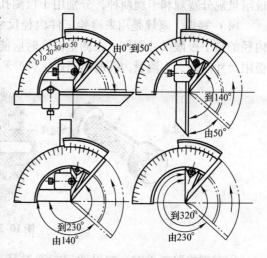

图 10-20　游标万能角度尺测量不同角度示意图

8. 正弦规

正弦规是利用三角函数中正弦关系与量块配合校验工件角度或锥度的一种精密量具。它由工作台、两个直径相同的精密圆柱和挡板组成，如图 10-21 所示。

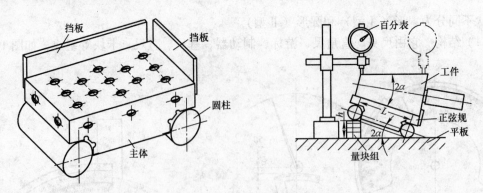

图 10-21　正弦规的使用方法

使用时，将正弦规放置在精密平板上，工件放在正弦规工作台的台面上，在正弦规一个圆柱的下面垫上一组量块，如图 10-21 所示。量块组的高度根据被测工件的锥度通过计算获得。然后用指示表检查锥面上母线两端的高度，若两端高度相等，说明锥度正确。若高度不等，说明工件的锥度有误差。

所需量块组的高度可按下式计算

$$h = L\sin2\alpha$$

式中　h——量块组高度（mm）；

　　　L——正弦规中心距（mm）；

　　　2α——被测工件锥度。

9. 极限量规

极限量规是一种无刻度的专用检验量具，用来判断零件的加工误差是否在极限范围内。极限量规分塞规和卡规两种，分别用于检测孔和轴的尺寸。

（1）塞规　塞规是用来检验工件内径尺寸的量具。它有两个测量面，小端尺寸按工件内径的最小极限尺寸制作，在测量内孔时应能通过，称为通规；大端尺寸按工件内径的最大极限尺寸制作，在测量内孔时不通过工件，称为止规，如图 10-22 所示。

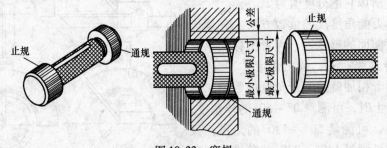

图 10-22　塞规

用塞规检验工件时，如果通规能通过且止规不能通过，说明该工件合格。两者缺一不可，否则就不合格。

（2）卡规　卡规是用来检验轴类工件外圆尺寸的量规。它有两个测量面，其中，大端尺寸按轴的上极限尺寸制作，在测量时应通过轴颈，称为通规；小端尺寸按轴的下极限尺寸制作，在测量时不通过轴颈，称为止规，如图 10-23 所示。

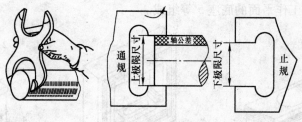

图 10-23　卡规

用卡规检验轴类工件时，如果通规能通过且止规不能通过，说明该工件的尺寸在允许的公差范围内，是合格的。两者缺一不可，否则就不合格。

（3）塞尺　塞尺是用来检验两个贴合面之间间隙大小的片状定值量具，又叫厚薄规。它有两个平行的测量平面，其长度制成 50mm、100mm 或 200mm，每套塞尺由若干片叠合在夹板里。厚度为 0.02 ~ 0.1mm 组的，中间每片相隔 0.01mm；厚度为 0.1 ~ 1mm 组的，中间每片相隔 0.05mm。测量时，用塞尺直接塞入间隙，当一片或数片能塞进贴合面之间时，则一片或数片的厚度（可由每片的标记值读出），即为两贴合面的间隙值。

如图 10-24 所示为用塞尺配合直角尺检测工件垂直度的情况。

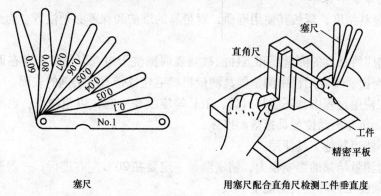

塞尺　　　　　　　　　　用塞尺配合直角尺检测工件垂直度

图 10-24　塞尺

使用塞尺时必须注意下列几点。

1）根据结合面的间隙情况选用塞尺片数，但片数愈少愈好。

2）测量时不能用力太大，以免塞尺弯曲或折断。

3）不能测量温度较高的工件。

（4）水平仪　水平仪是测量角度变化的一种常用量具，主要用于测量机件相互位置的水平位置和设备安装时的平面度、直线度和垂直度，也可测量零件的微小倾角。常用的水平仪有条式水平仪、框式水平仪和数字式光学合象水平仪等。

1）条式水平仪的结构和规格。条式水平仪由作为工作平面的 V 形底平面和与工作平面平行的水准器（俗称气泡）两部分组成，如图 10-25 所示。规格有 200mm 和 300mm 两种。

2）框式水平仪的结构和规格。常用的框式水平仪，主要由框架 1 和弧形玻璃管主水准器 2、调整水准 3 组成。利用水平仪上水准泡的移动来测量被测部位角度的变化。规格有 150mm × 150mm，200mm × 200mm，250mm × 250mm，300mm × 300mm 等几种，其中 200mm × 200mm 最为常用。

3）合像水平仪的结构。合像水平仪主要由测微螺杆 2、杠杆系统 3、水准器 1、光学合像棱镜 4 和具有 V 形工作平面的底座 5 等组成。

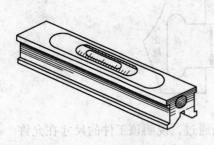

图 10-25　条式水平仪

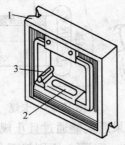

图 10-26　框式水平仪

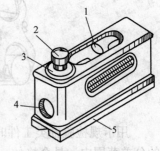

图 10-27　合像水平仪

4）水平仪的读数方法有直接读数法和平均读数法两种。

①直接读数法：以气泡两端的长刻线作为零线，气泡相对零线移动格数作为读数，这种读数方法最为常用。

②平均读数法：读数是分别从两条长刻线起，向气泡移动方向读至气泡端点止，然后取这两个读数的平均值作为这次测量的读数值。

10. 量具的维护和保养

为了保持量具精度，延长其使用寿命，对量具的维护和保养必须注意。为此，应做到以下几点。

1）测量前应将量具的测量面和工件的被测表面擦洗干净，以免脏物存在而影响测量精度和加快量具磨损。不能用精密测量器具测量粗糙毛坯或带有研磨剂的表面。

2）量具在使用过程中，不能与刀具、工具等堆放在一起，以免碰伤；也不要随便放在机床上，以免因机床振动使量具掉落而损坏。

3）量具不能当其他工具使用。

4）温度对测量结果的影响很大，精密测量一定要在 20℃ 左右进行；一般测量可在室温下进行，但必须使工件和量具的温度一致。

5）不要把量具放在磁场附近，以免使量具磁化。

6）发现精密量有不正常现象（如表面不平、有毛刺、有锈斑、尺身弯曲变形、活动零部件不灵活等）时，使用者不要自行拆修，应及时送交计量室检修。

7）量具应经常保持清洁。量具使用后应及时擦干净，并涂上防锈油放入专用盒，存放在干燥处。

8）精密量具应定期送计量室（计量站）检定，以免其示值误差超差而影响测量结果。

四、任务实施

正确使用各种测量工具，掌握测量方法，准确读数，会保养维护。

课题 2　内、外径的测量

任务　测量内、外径

知识点：

掌握测量内外径的不同方法。

技能点：

灵活使用量具，准确地测量内、外径的数值。

一、任务引入

灵活使用测量仪器，准确地测量出如图 10-28 所示支架的内、外径尺寸，并标注在视图上。

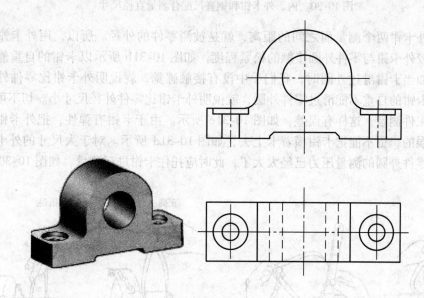

图 10-28　支架

二、任务分析

机械零件加工中，除了要合理地规定公差，还需要在加工的过程中进行正确地测量和检验，只有通过测量和检验才能判为合格的零件。图 10-28 所示的支架的底座上有两个沉头孔和过渡圆角、作为支承体的一个大通孔和半圆弧外形，要学会运用所学的测量方法、及相应的测量工具，将这些孔的内径、外径测量出来，并正确的标注在视图上。

三、知识准备

1. 用钢尺测量内外径的方法

用钢直尺直接测量零件的直径尺寸（轴径或孔径），如图 10-29 所示。测量精度差，其原因是：除了钢直尺本身的读数误差比较大以外，还由于钢直尺无法正好放在零件直径的正确位置。所以，零件直径尺寸的测量，也可以利用钢直尺和内、外卡钳配合起来进行。

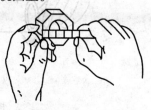

图 10-29　钢直尺测量内外径

2. 用内、外卡钳和钢直尺配合测量内、外径的方法（图 10-30）

（1）用外卡钳测量外径　用外卡钳在钢直尺上取尺寸时，如图 10-31a 所示，一个钳脚的测量面靠在钢直尺的端面上，另一个钳脚的测量面对准所需尺寸刻线的中间，且两个测量面的连线应与钢直尺平行，人的视线要垂直于钢直尺。

用已在钢直尺上取好尺寸的外卡钳去测量外径时，要使两个测量面的连线垂直于零件的轴线，靠外卡钳的自重滑过零件外圆时，我们手中的感觉应该是外卡钳与零件外圆正好是点

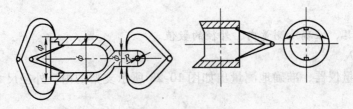

图 10-30　内、外卡钳和钢直尺配合测量直径尺寸

接触，此时外卡钳两个测量面之间的距离，就是被测零件的外径。所以，用外卡钳测量外径，就是比较外卡钳与零件外圆接触的松紧程度，如图 10-31b 所示以卡钳的自重能刚好滑下为合适。如当卡钳滑过外圆时，我们手中没有接触感觉，就说明外卡钳比零件外径尺寸大，如靠外卡钳的自重不能滑过零件外圆，就说明外卡钳比零件外径尺寸小。切不可将卡钳歪斜地放上工件测量，这样有误差，如图 10-31c 所示。由于卡钳有弹性，把外卡钳用力压过外圆是错误的，更不能把卡钳横着卡上去，如图 10-31d 所示。对于大尺寸的外卡钳，靠它自重滑过零件外圆的测量压力已经太大了，此时应托住卡钳进行测量，如图 10-30e 所示。

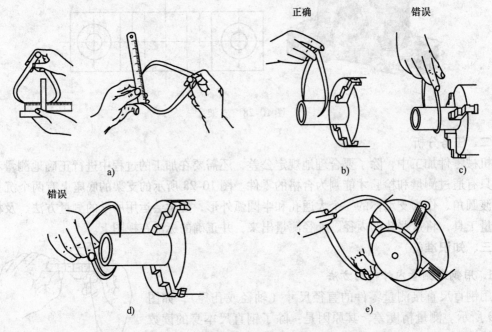

图 10-31　外卡钳在钢直尺上测量外径的方法

（2）用内卡钳测量内径　用内卡钳测量内径时，应使两个钳脚的测量面的连线正好垂直相交于内孔的轴线，即钳脚的两个测量面应是内孔直径的两端点。因此，测量时应将下面的钳脚的测量面停在孔壁上作为支点，如图 10-32a 所示，上面的钳脚由孔口略往里面一些逐渐向外试探，并沿孔壁圆周方向摆动，当沿孔壁圆周方向能摆动的距离为最小时，则表示内卡钳脚的两个测量面已处于内孔直径的两端点了。再将卡钳由外至里慢慢移动，可检验孔的圆度公差，如图 10-32b 所示。

用已在钢直尺上或在外卡钳上取好尺寸的内卡钳去测量内径，如图 10-33a 所示，就是

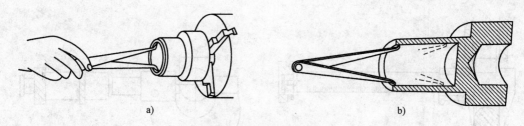

图 10 – 32　内卡钳测量方法

比较内卡钳在零件孔内的松紧程度。如内卡钳在孔内有较大的自由摆动时，就表示卡钳尺寸比孔径小了；如内卡钳放不进，或放进孔内后紧得不能自由摆动，就表示内卡钳尺寸比孔径大了，如内卡钳放入孔内，按照上述的测量方法能有 1 ~ 2mm 的自由摆动距离，这时孔径与内卡钳尺寸正好相等。测量时不要用手抓住卡钳测量，如图 10-33b 所示，这样手感就没有了，难以比较内卡钳在零件孔内的松紧程度，并使卡钳变形而产生测量误差。

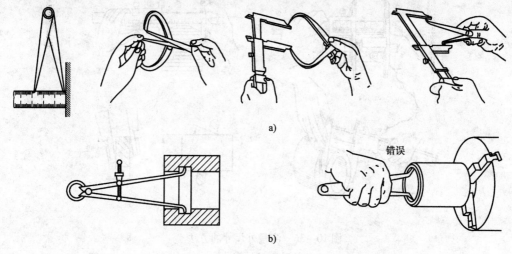

图 10-33　卡钳取尺寸和测量方法

在测量内径时，如果孔口小不能取出卡钳，则可先在卡钳的两腿上任取 a 、b 两点，并量取 a 、b 间的距离 L ，如图 10 – 34a 所示。然后合并钳腿取出卡钳，再将钳腿分开至 a 、b 间距离为 L ，这时在直尺上量得钳腿两端点的距离便是被测孔的直径，如图 10-34b 所示。也可以用图 10-34c 所示的内外同值卡钳进行测量。

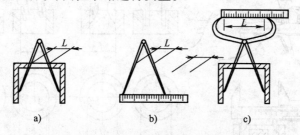

图 10-34　卡钳测量方法

3. 用游标卡尺或内、外千分尺较精确地测量直径尺寸的方法

如图 10-35 所示。

（1）用游标卡尺测量外径　量爪应张开到略大于被测尺寸，以固定量爪贴住工件，用轻

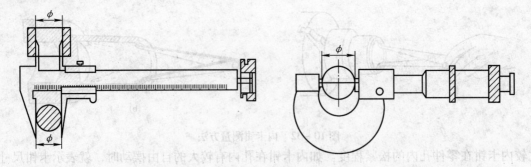

图 10-35 游标卡尺和千分尺测量直径

微压力把活动量爪推向工件，卡尺测量面的连线应垂直于被测量表面，不要偏斜，如图 10-36 所示。

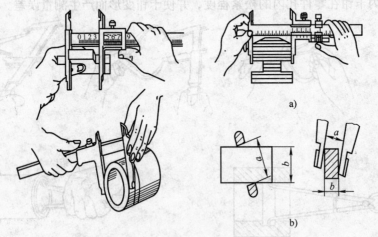

图 10 – 36 测量外尺寸的方法
a）正确 b）错误

（2）用游标卡尺测量内径

量爪开度应小于被测尺寸，测量时两量爪应在孔的直径上，不得倾斜，如图 10-37 所示。

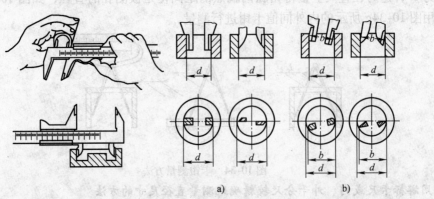

图 10 – 37 测量内尺寸的方法
a）正确 b）错误

用游标卡尺测量内孔径时注意的问题：

1）测量前，应使游标卡尺的卡脚开口尺寸小于被测孔径尺寸，然后推动游标使卡脚与被测平面吻合。

2）测量内孔直径时，应把游标卡尺的卡脚放在直径位置处防止偏斜。

（3）外径千分尺用来测量外圆直径（图 10-38） 测量时要使测微螺杆与零件被测量的尺寸方向一致。如测量外径时，测微螺杆要与零件的轴线垂直，不要歪斜。测量时，可在旋转测力装置的同时，轻轻地晃动尺架，使测砧面与零件表面接触良好。

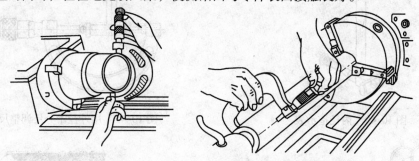

图 10-38　外径千分尺用来测量外圆直径

（4）内径千分尺用来测量内径　内径千分尺如图 10-39 所示，用于测量小尺寸内径和内侧面槽的宽度。其特点是容易找正内孔直径，测量方便。国产内径千分尺的分度值为 0.01mm，测量范围有 5～30mm 和 25～50mm 的两种，如图 10-39 所示的是 5～30mm 的内径千分尺。内径千分尺的读数方法与外径千分尺相同，只是套筒上的刻线尺寸与外径千分尺相反，另外它的测量方向和读数方向也都与外径千分尺相反。

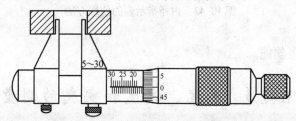

图 10-39　内径千分尺用来测量内径

（5）用内径指示表测量内径　内径指示表用来测量圆柱孔，它附有成套的可调测量头，使用前必须先进行组合和校对零位，如图 10-40 所示。

组合时，将指示表装入连杆内，使小指针指在 0～1 的位置上，长针和连杆轴线重合，圆刻度盘上的字应垂直向下，以便于测量时观察，装好后应紧固。

粗加工时，最好先用游标卡尺或内卡钳测量。粗加工时工件加工表面粗糙不平会使测量不准确，也使测头易磨损。对内径指示表要加以爱护和保养，精加工时再使用其进行测量。

测量前应根据被测孔径大小用外径千分尺调整好尺寸后才能使用，如图 10-41 所示。在调整尺寸时，应正确选用可换测量头的长度及其伸出距离，使被测尺寸在活动测量头总移动量的中间位置。

测量时，连杆中心线应与孔中心线平行，不得歪斜，同时应在圆周上多测几个点，找出孔径的实际尺寸，看是否在公差范围以内，如图 10-42 所示。

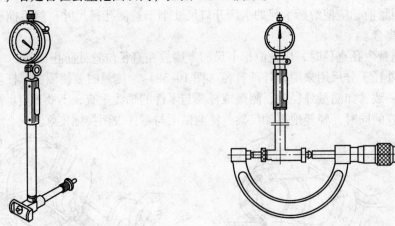

图 10-40 　内径指示表　　　　　　　　图 10-41 　用外径千分尺调整尺寸

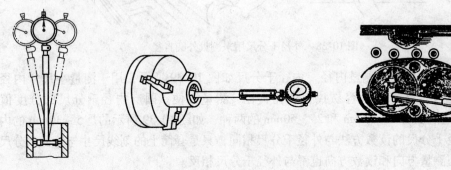

图 10-42 　内径指示表的使用方法

四、任务实施

参考课题 3 的任务实施。

课题 3 　长度、深度和宽度的测量

任务　测量长度、深度和宽度

知识点：

1. 了解测量长度、深度和宽度的方法和常用量具。

2. 掌握常用量具的构造原理、规格性能、读数方法、使用规则及维护知识等。

技能点：

正确地利用测量器具测量长度、深度和宽度值。

一、任务引入

灵活使用测量器具，准确地测量出如图 10-28 所示支架的长度、深度和宽度尺寸，标注在视图上。

二、任务分析

长度、深度、宽度是基本物理量。它们的测量在生产和科学实验中被广泛地使用，常用的测量器具是尺、游标卡尺、千分尺等。通常用量程和分度值表示这些测量器具的规格。量程是测量范围,分度值是测量器具所标示的最小分划单位,测量器具的最小读数。分度值的大小反映测量器具的精密程度,分度值越小,测量器具越精密,仪器的误差相应也越小。

三、知识准备

1. 用钢直尺测量

在精度要求不太高的情况下,通常用钢直尺测量,如图 10-43 所示。

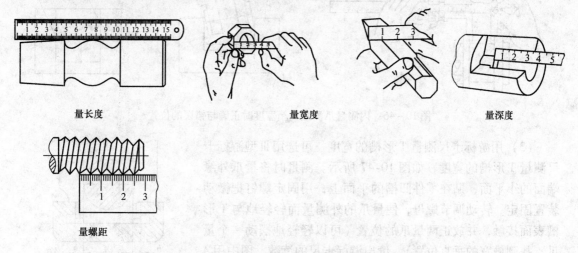

量长度   量宽度   量深度

量螺距

图 10-43 钢直尺测量长度、宽度、深度和螺距

2. 用游标卡尺测量

(1) 游标卡尺测量孔深或高度 应使深度尺的测量面紧贴孔底,游标卡尺身的端面与被测件的表面接触,且深度尺要垂直,不可前后或左右倾斜,如图 10-44 所示。

(2) 游标卡尺测量沟槽宽度 用外测量爪的平测量面进行测量,尽量避免用端部测量面爪去测量外尺寸。而对于圆弧形沟槽尺寸,则应当用刀口测量爪尖端进行测量,不应当用平测量面进行测量,如图 10 - 45 所示。

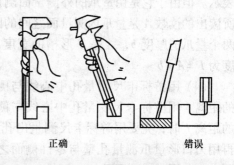

正确   错误

图 10-44 测量深度的方法

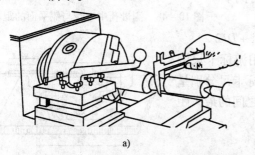

a)

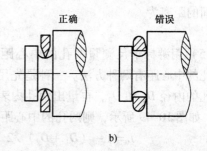

正确   错误

b)

图 10-45 外测量爪测量沟槽时正确与错误的位置

a) 一般沟槽 b) 圆弧形沟槽

用内测量爪测量沟槽宽度时，也要放正游标卡尺的位置，应使卡尺两测量面垂直于沟槽底面，不能歪斜。否则，内测量爪若在如图 10-46 所示的错误的位置上，将使测量结果不准确（可能大也可能小，如Ⅲ型游标卡尺）。读数时，游标卡尺置于水平位置，视线垂直于标尺标记表面，避免视线歪斜造成读数误差。

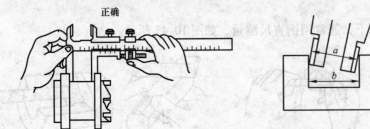
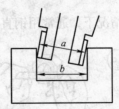
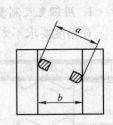

图 10-46 内测量爪测量沟槽宽度时正确与错误的位置

（3）用游标卡尺测量 T 形槽的宽度　可选用Ⅲ型游标卡尺测量 T 形槽的宽度，如图 10-47 所示。测量时将量爪外缘端面的小平面，贴在零件凹槽的平面上，用固定螺钉把微动装置固定。转动调节螺母，使量爪的外测量面轻轻地与 T 形槽表面接触，并放正两量爪的位置（可以轻轻地摆动一个量爪，找到槽宽的垂直位置），读出游标卡尺的读数，图中用 A 表示。但由于它是用量爪的外测量面测量内尺寸的，卡尺上所读出的读数 A 是量爪内测量面之间的距离，因此必须加上两个量爪的厚度 b，才是 T 形槽的宽度。所以，T 形槽的宽度为 $L = A + b$。

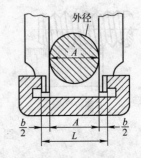

图 10-47 测量 T 形槽的宽度

（4）用游标卡尺测量孔中心线与侧平面之间的距离　用游标卡尺测量孔中心线与侧平面之间的距离 L 时，先要用游标卡尺测量出孔的直径 D，再用刀口形量爪测量孔壁与零件侧面之间的最短距离，如图 10-48 所示。

此时，卡尺应垂直于侧平面，且要找到它的最小尺寸，读出卡尺的读数 A，则孔中心线与侧平面之间的距离为

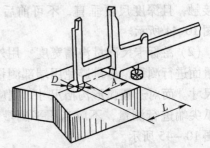

图 10-48 测量孔中心线与侧平面的距离

$$L = A + D/2$$

（5）用游标卡尺测量两孔的中心距　用游标卡尺测量两孔的中心距有两种方法。一种是先用游标卡尺分别量出两孔的内径 D_1 和 D_2，再量出两孔内表面之间的最大距离 A，如图 10-49 所示，则两孔的中心距为

$$L = A - (D_1 + D_2) /2$$

另一种测量方法，也是先分别量出两孔的内径 D_1 和 D_2，然后用内测量爪量出两孔内表面之间的最小距离 B，

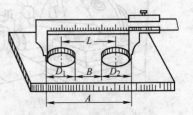

图 10-49 测量两孔的中心距

则两孔的中心距为

$$L = B + （D_1 + D_2）/2$$

3. 游标高度卡尺测量高度

游标高度卡尺如图 10-50 所示，用于测量零件的高度和精密划线。

在测量高度时，划线量爪工作面的高度，就是被测量零件的高度尺寸。它的具体数值，与游标卡尺一样可在主标尺身（整数部分）和游标 尺（小数部分）上读出。

4. 游标深度卡尺测量

游标深度卡尺如图 10-51 所示，用于测量零件的深度或台阶高度和槽的深度。如测量孔深度时应把尺框测量面紧靠在被测孔的端面上，使尺身与被测孔的中心线平行，推入尺身，则尺身测量面与尺框测量面之间的距离，就是被测孔的深度。它的读数方法和游标卡尺完全一样。

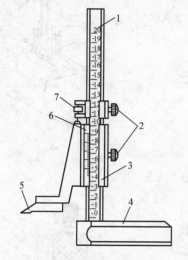

图 10-50　游标高度卡尺

1—尺身　2—制动螺钉　3—尺框　4—底座
5—划线量爪　6—游标尺　7—微动装置

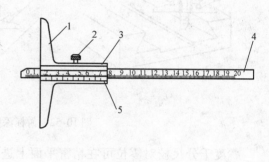

图 10-51　游标深度卡尺

1—尺框测量爪　2—制动螺钉
3—尺框　4—尺身　5—游标尺

测量时，先把尺框测量爪轻轻压在工件的基准面上，两个测量面必须接触工件的基准面，如图 10-52a 所示。测量轴、孔或槽上台阶面时，尺框测量面一定要紧压在基准面上，如图 10-52b、c 所示；再移动尺身，直到尺身测量面接触到工件的测量面（台阶面）上；然后用制动螺钉固定尺框，提起卡尺，读出深度尺寸。多台阶小直径的内孔深度测量，要注意尺身测量面是否在要测量的台阶上，如图 10-52d 所示 。当基准面是曲面时，如图 10-52e 所示，尺框测量面必须放在曲面的最高点上，测量出的深度尺寸才是工件的实际尺寸，否则会出现测量误差。

5. 深度千分尺测量

深度千分尺如图 10-53 所示，用以测量孔深、槽深和台阶高度等。它的结构，除用底板代替尺架和测砧外，与外径千分尺没有什么区别。

深度千分尺的测量范围：0~25mm、0~50mm，0~100mm 等 7 种，分度值为 0.01mm、0.001mm、0.002mm 和 0.005mm。它的测量杆 6 制成可更换的形式。

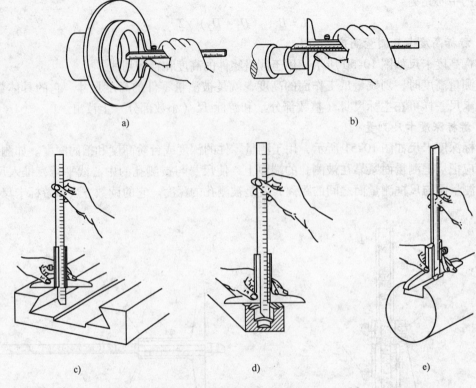

图 10-52　游标深度卡尺的使用方法

深度千分尺校对零位可在精密平面上进行。即当底板基准面与测量杆测量面位于同一平面时，微分筒的"零"标记正好对准。当更换测量杆时，零位一般不会改变。

深度千分尺测量孔深时，应把底板 5 基准面紧贴在被测孔的端面上。零件的这一端面应与孔的中心线垂直，且应当光洁平整，使深度千分尺的测量杆与被测孔的中心线平行，保证测量精度。此时，测量杆测量面到底板基准面的距离就是孔的深度。

6. 游标齿厚卡尺测量

游标齿厚卡尺用来测量齿轮（或蜗杆）的弦齿厚和弦齿高，如图 10-54 所示。这种游标卡尺由两互相垂直的主尺组成，因此它有两个游标参与测量：A 的尺寸由垂直主尺上的游标调整；B 的尺寸由水平主尺上的游标调整。标尺分度原理和读法与一般游标卡尺相同。

测量蜗杆时，把齿厚游标卡尺读数调整到等于齿顶高（蜗杆齿顶高等于模数 m），法向卡入齿廓，测得的读数是蜗杆中径（d_2）处的法向齿厚。但图样上一般注明的是轴向齿厚，必须进行换算。

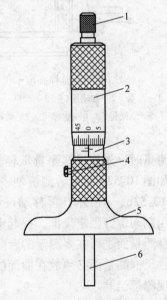

图 10-53　深度千分尺

1—测力装置　2—微分筒　3—固定套筒
4—锁紧装置　5—底板　6—测量杆

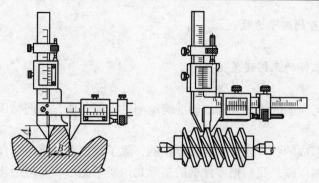

图 10-54　游标齿厚卡尺测量齿轮与蜗杆

四、任务实施

测量出图 10-28 所示的支架尺寸并标注到视图，如图 10-55 所示。

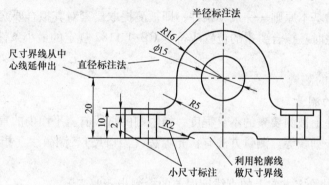

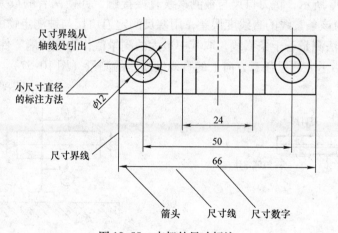

图 10-55　支架的尺寸标注

课题 4　几何误差的测量

任务　测量几何误差

知识点：

1. 了解几何误差的概念。

2. 掌握几何误差的测量方法。

技能点:

能够熟练测量零件的几何误差值。

一、任务引入

掌握零件的几何误差的测量方法,能准确地测量出误差值,实例见任务实施。

二、任务分析

零件在加工后形成的各种误差是客观存在的,除了我们在极限与配合中讨论过的尺寸误差外,还存在着几何误差。我们把零件上的实际几何要素的形状与理想几何要素的形状之间的误差称为形状误差,把零件上各几何要素之间实际相对位置与理想相对位置之间的误差称为位置误差。形状误差、位置误差方向误差、跳动误差统称几何误差。几何误差的允许变动量称为几何公差。

评定几何误差的基本原则——最小条件,即被测提取要素对其拟合要素的最大变动量为最小。评定形状误差时,拟合要素的位置应符合 GB/T 1182 规定的最小条件。

三、知识准备

（一）形状误差的测量

1. 直线度误差的测量

它用于控制零件上被测要素的不直程度,被限制的直线有:平面内的直线、回转体的素线、平面等的交线、轴线等。测量方法有:光隙法（刀口尺）、测微法（指示表）、计算法、图解法、水平仪。

（1）刀口尺测量给定方向上的直线度误差的检测步骤

1）如图 10-56 所示,将刀口尺与被测素线直接接触,并使两者的最大间隙为最小,此时的最大间隙即为该条素线的直线度误差,用塞尺测定刀口尺与被测定物的间隙。

2）按上述方法测量若干条素线,取其中最大的测量值作为该被测零件的直线度误差。

（2）平板与指示表测量任意方向上的直线度误差的测量（图 10-57）

图 10-56　用刀口尺检测表面轮廓线的直线度误差　图 10-57　平板与指示表测量任意方向上的直线度误差

测量步骤:

1）将被测零件装夹在平行于平板的两顶尖之间。

2）在支架上装上两个测头相对的指示表,并使两指示表的两个测头位于铅垂轴截面内。

3）沿铅垂轴截面的两条素线测量,同时分别记录两指示表在各自测点的读数 Ma、Mb。

4）计算各测量点读数差的一半,取其中的最大值作为该截面轴线的直线度误差。

5）按上述方法测量若干条素线的若干个截面，取其中最大的测量值作为该被测零件轴线的直线度误差。

2. 平面度误差的测量

平面度公差带是两平行平面之间的区域 t。图 10-58 所示是用指示表测量平面度误差，是按一定的布点方式测量，其步骤是：

1）将被测零件支承在平板上。

2）用指示表调整被测表面对角线上的 a_1 与 a_4 两点等高，再调整另外一对角线上的 a_2 与 a_3 两点等高，其目的是以包含被测表面上一根对角线，且与另一对角线相平行的平面为理想平面。

3）推动表座，使指示表在被测表面上移动，指示表的最大与最小读数之差即为平面度误差

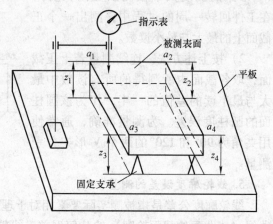

图 10-58　用指示表测量平面度误差

3. 圆度误差的测量

圆度公差带是半径之差为公差值的两同心圆之间的区域。测量外圆表面的圆度误差，可用千分尺测出同一正截面（即垂直于轴线的测量截面）的最大与最小直径差，此差值的一半即为该截面的圆度误差。测量若干个正截面，取其中最大的误差值作为该外圆的圆度误差。圆柱孔的圆度误差可用内径指示表（或内径千分尺）检测，其测量方法与上述相同。

如图 10-59 所示为指示表测量圆锥面的圆度误差。其测量步骤是：

1）测量时应使圆锥面的轴线垂直于测量截面，同时固定轴线方向。

2）在工件回转一周过程中，指示表读数的最大差值的一半即为该截面的圆度误差。

3）按上述方法测量若干个截面，取其中最大的误差值为该圆锥面的圆度误差。

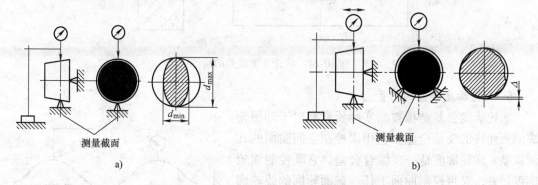

a)　　　　　　　　　　　　　　　　　　b)

图 10-59　指示表测量圆锥面的圆度误差的测量

a）用二点法测量圆度误差　b）用三点法测量圆度误差

4. 圆柱度误差的测量

圆柱度综合控制圆柱面的圆度、素线的直线度、两条直线的平行度以及轴线的直线度等，公差带为半径差为 t 的两同轴圆柱所限定的区域。图 10-60 为用指示表测量某工件外圆柱面的圆柱度误差。测量步骤是：

1）将工件放在平板上的 V 形架内（V 形架的长度大于被测圆柱面长度），在工件回转一周的过程中，测出一个正截面上的最大与最小读数。

2）按上述方法，连续测量若干正截面，取各截面内所测得的所有读数中最大与最小读的差值的一半，作为该圆柱面的圆柱度误差。为测量准确，通常使用夹角为 90° 和 120° 的两个 V 形架分别测量。

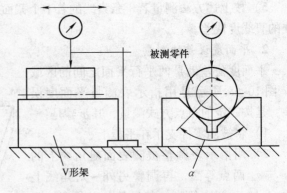

图 10-60　外圆柱面圆柱度误差的测量

5. 线轮廓度误差的测量

线轮廓度公差是指被测实际要素相对于理想轮廓线所允许的变动全量。它用来控制平面曲线（或曲面的截面轮廓）的几何误差。线轮廓度测量的仪器有轮廓样板、投影仪、仿形测量装置和三坐标测量机等。

线轮廓误差的测量步骤如下（图 10-61）：

1）将轮廓样板按规定的方向放置在被测零件上。

2）根据光隙法估读间隙的大小，取最大间隙作为该零件的线轮廓度误差。

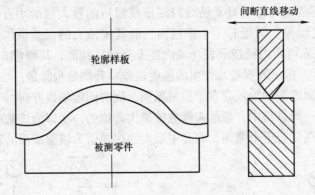

图 10-61　线轮廓度误差的检测

6. 面轮廓度误差的测量

面轮廓度公差是指被测实际要素相对于理想轮廓面所允许的变动全量。它用来控制空间曲面的几何误差。面轮廓度是一项综合公差，它既控制面轮廓度误差，又可控制曲面上任一截面轮廓的线轮廓度误差。面轮廓度测量的仪器有成套截面轮廓样板、仿形测量装置、坐标测量装置和光学跟踪轮廓测量仪等。

面轮廓误差的测量步骤如下（图 10-62）：

1）将被测零件放置在仪器工作台上，并进行准确定位。

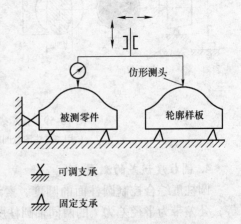

图 10-62　面轮廓度误差的检测

2）测量出若干个点的坐标值，并将测得的坐标值与理论轮廓的坐标值进行比较，取其平均值的 2 倍，作为该零件面轮廓度误差。

（二）方向误差的测量

在方向、位置和跳动误差的检测中，被测实际要素的方向或（和）位置是根据基准来决定的。理想基准要素是不存在的，在实际测量中，通常用模拟法来体现基准，即用有足够精确形状的表面来体现基准平面、基准轴线、基准中心平面等。

图 10-63a 表示用检验平板来体现基准平面。

图 10-63b 表示用可胀式或与孔无间隙配合的圆柱形来体现孔的基准轴线。

图 10-63c 表示用 V 形架来体现外圆基准轴线。

图 10-63d 表示用与实际轮廓成无间隙配合的平行平面定位块的中心平面来体现基准中心平面。

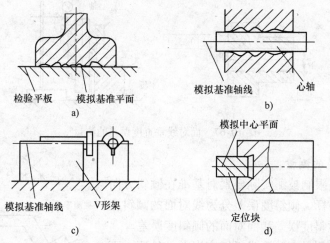

图 10-63　用模拟法体现基准

1. 平行度误差的测量

图 10-64 为用指示表测量面对面的平行度误差。测量时将工件放置在平板上，用指示表测量被测平面上各点，指示表的最大与最小读数之差即为该工件的平行度误差。

图 10-65 为测量某工件孔轴线对底平面的平行度误差。测量时将工件直接放置在平板上，被测孔轴线由心轴模拟。在测量距离为 L_2 的两个位置上测得的读数为别为 M_1 和 M_2，则平行度误差为 $L_1/L_2 \mid M_1 - M_2 \mid$。其中 L_1 为被测孔轴线的长度。

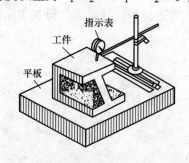

图 10-64　面对面平行度误差的测量

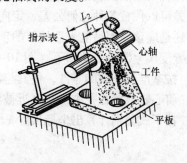

图 10-65　线对面平行度误差的测量

2. 垂直度误差的测量

图 10-66 为用精密直角尺测量面对面的垂直度误差。测量时将工作放置在平板上，精密直角尺的短边置于平板上，长边靠在被测平面上，用塞尺测量直角尺长边与被测平面之间的最大间隙 f。移动直角尺，在不同位置上重复上述测量，取测得的最大值 f_{max} 作为该平面的垂直度误差。

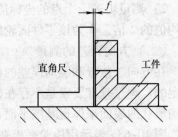

图 10-66　面对面垂直度误差的测量

如图 10-67 所示为测量某工件端面对孔轴线的垂直度误差。测量时将工件套在心轴上，心轴固定在 V 形架内，基准孔轴线通过心轴由 V 形架模拟。用指示表测量被测端面上各点，指示表的最大与最小读数之差即为端面的垂直度误差。

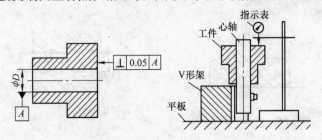

图 10-67　面对线垂直度误差的测量

3. 倾斜度误差的测量

倾斜度公差是限制被测实际要素对基准在倾斜方向上变动量的一项指标。倾斜度误差分为线对面的倾斜度误差、面对线的倾斜度误差和面对面的倾斜度误差。

倾斜度误差的测量可转换成平行度误差的检测。面对面倾斜度误差的测量（图 10-68）：被测量件置与定角座上，调整被测件使表面读数差最小，则 $f = M_{max} - M_{min}$。

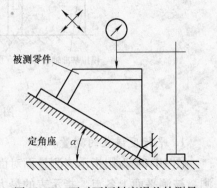

图 10-68　面对面倾斜度误差的测量

（三）位置误差的测量

1. 位置度误差的测量

位置度公差用于控制被测点、线、面的实际位置相对于其理想位置的位置度误差。理想要素的位置由基准及理论正确尺寸确定。位置度公差具有极为广泛的控制功能。原则上，位置度公差可以代替各种几何公差、定向公差和定位公差所表达的设计要求，但在实际设计和检测中还是应该使用最能表达特征的项目。

位置度误差测量步骤如下（图 10-69）：

1）按基准调整被测零件，使其与测量装置的坐标一致。

2）将心轴放置在孔中，在靠近被测零件的板面处，测量 x_1、x_2、y_1、y_2。

3）按下式分别计算出坐标尺寸 x，y：

$$x = (x_1 + x_2)/2$$
$$y = (y_1 + y_2)/2$$

4）将 x，y 分别与相应的理论正确尺寸比较，得出 f_x，f_y。

5）然后把被测件翻转，对其背面按上述方法重复测量，取其中误差较大值，作为该零件的位置度误差。

2. 同轴度误差的测量

图 10-70 为测量某台阶轴 ϕd 轴线对两端 ϕd_1 轴线组成的公共轴线的同轴度误差。测量时将工件放置在两个等高 V 形架上，沿铅垂轴截面的两条素线测量，同时记录两指示表在各测点的读数差（绝对值），取各测点读数差的最大值为该轴截面轴线的同轴度误差。转动工件，按上述方法测量若干个轴截面，取其中最大的误差值作为该工件的同轴度误差。

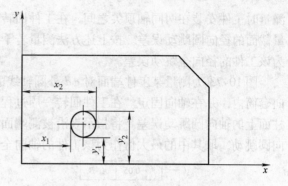

图 10-69　位置度误差的测量方法

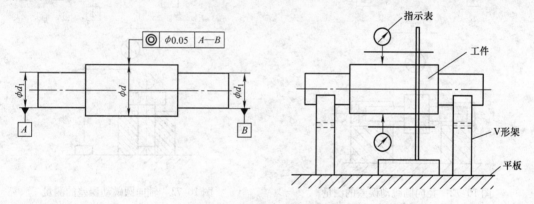

图 10-70　同轴度误差的测量

3. 对称度误差的测量

图 10-71 为测量某轴上键槽中心平面对 ϕd 轴线的对称度误差。基准轴线由 V 形架模拟，键槽中心平面由定位块模拟。测量时用指示表调整工件，使定位块沿径向与平板平行并读数，然后将工件旋转 180° 后重复上述测量，取两次读数的差值作为该测量截面的对称度误差。按上述方法测量若干个轴截面，取其中最大的误差值作为该工件的对称度误差。

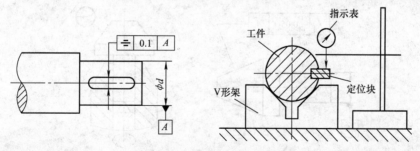

图 10-71　对称度误差的测量

（四）跳动误差的测量

图 10-72 为测量某台阶轴圆柱面对两端中心孔轴线组成的公共轴线的径向圆跳动误差。

测量时工件安装在两同轴顶尖之间，在工件回转一周过程中，指示表读数的最大差值即该测量截面的径向圆跳动误差。按上述方法测量若干正截面，取各截面测得的跳动量的最大值作为该工件的径向全跳动误差。

图 10-73 为测量某工件端面对 ϕd 外圆轴线的轴向圆跳动误差。测量时将工件支撑在导向套筒内，并在轴向固定。在工件回转一周过程中看，指示表读数的最大差值即为该测量圆柱面上的轴向圆跳动误差。将指示表沿被测端面径向移动，按上述方法测量若干个位置的轴向圆跳动，取其中的最大值作为该工件的轴向全跳动误差。

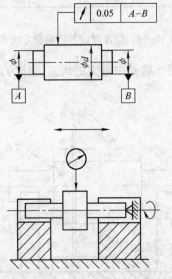

图 10-72　径向圆跳动误差的测量

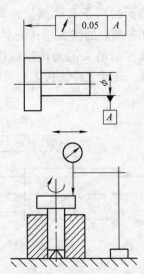

图 10-73　轴向圆跳动误差的测量

图 10-74 为测量某工件圆锥面对 ϕd 外圆轴线的斜向圆跳动误差。测量时将工件支承在导向套筒内，并在轴向固定。指示表测头的测量方向要垂直于被测圆锥面。在工件回转一周过程中，指示表读数的最大差值即为该测量圆锥面上的斜向圆跳动误差。将指示表沿被测圆锥面素线移动，按上述方法测量若干个位置的斜向圆跳动，取其中的最大值作为该圆锥面的斜向全跳动误差。

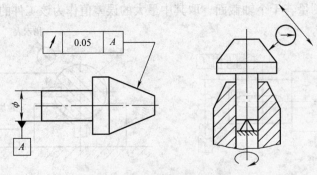

图 10-74　斜向圆跳动误差的测量

四、任务实施

几何误差测量实例见表 10-2。

表 10-2　几何误差测量实例

实　例	测量方法	测量说明
平面度　[⊿ | 0.3]	指示表　表座　平板　c b a d	① 将被测零件支撑在平板上（图所示） ② 用指示表调整被测表面对角线上的 a 点与 b 两等高点，再调整另一对角线上的与两点等高，其目的是以包含被测表面上一根对角线，且与另一对角线相平行的平面为理想平面 ③ 推动表座，使指示表在被测表面上移动，指示表的最大最小读数之差即为平面度误差 f，即 $f = M_{max} - M_{min}$，其中 M_{max} 为最大读数，M_{min} 为最小读数 ④ 评定检测结果。如果指示表的最大与最小读数之差 $f \leqslant 0.3$mm，该零件的平面度符合要求；如果 $f > 0.3$mm，则该平面度超差
直线度　[— | 0.02]	被测素线　贴切直线　刀口形直尺	① 将刀口形直尺与被测素线直接接触，并使两者之间的最大间隙为最小，此时的最大间隙即为该条被测素线的直线度误差 ② 按上述方法测量若干条素线，取其中最大的误差值作为该被测零件的直线度误差 ③ 评定检测结果。如果测得最大误差值 $f \leqslant 0.02$mm，该零件的直线度符合要求；如果测得的最大误差值 $f > 0.02$mm，则该零件在给定方向上的直线度超差
对称度　[≡ | 0.1 | A]　A	②　①　平板	① 测量时、置工件于平板上，测出被测表面 1 与平板的距离 a ② 将工件翻转后，测出另一被测表面 2 与平板之间的距离 b，则 a、b 之差为该测量截面两对应点的对称度误差 ③ 按上述方法，测量若干个截面内两对应点的对称度误差 ④ 取其测量截面内对应两测点的最大差值作为对称度误差 ⑤ 评定检测结果。如果被测得的最大差值 $f \leqslant 0.1$mm，该零件的对称度符合要求；如果测得的最大误差值 $f > 0.1$mm，则该零件的对称度超差

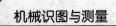
（续）

实　例	测量方法	测量说明
全跳动  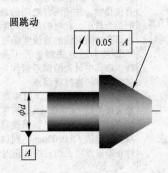	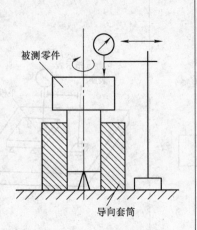被测零件 导向套筒	① 将被测零件支撑在导向套筒内，并在轴向固定。导向套筒的轴线应与平板垂直，也可用 V 形架来测量 ② 在被测零件连续回转过程中，指示表沿其径向作直线移动 ③ 在整个测量过程中，指示表读数的最大差值即为该被测件的轴向全跳动 ④ 评定检测结果。如果被测得的最大差值 $f \leq 0.1mm$，该零件的轴向全跳动符合要求；如果测得的最大误差值 $f \leq 0.1mm$，则该零件的轴向全跳动超差
圆跳动	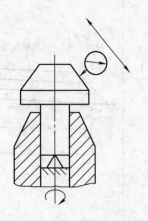	① 将被测零件支撑在导向套筒内，并在轴向固定。指示表测头的测量方向要垂直于被测面（即圆锥面） ② 在被测件转动一周过程中，指示表读数的最大差值即为该圆锥面上的斜向圆跳动 ③ 测量圆锥面上的若干个点的斜向圆跳动，取其中最大值作为该工件的斜向圆跳动 ④ 评定检测结果。如果被测得的最大差值 $f \leq 0.05mm$，该零件的斜向圆跳动符合要求；如果测得的最大误差值 $f > 0.05mm$，则该零件的斜向圆跳动超差
同轴度 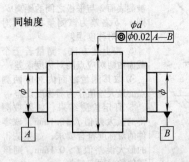	工件 V 形架 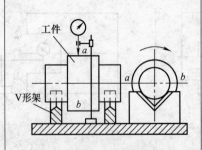	① 将被测零件基准面两端放在 V 形架上 ② 然后使指示表与测量面接触，当被测零件在 V 形架上转动一圈，指示表的变动量即为该零件的同轴度误差 ③ 评定检测结果。如果被测零件在 V 形架上转动一圈，指示表的变动量 $f \leq 0.02mm$，该零件的同轴度符合要求；如果测得的最大误差值 $f > 0.02mm$，则该零件的同轴度超差

（续）

实　例	测量方法	测量说明
面与面的平行度 // | 0.05 | A A	指示表　被测件　平板	① 将被测零件放置在平板上 ② 在整个被测表面上多方向地移动指示表支架进行测量 ③ 取指示表的最大与最小读数之差作为该零件的平行度误差 f，即：$f = M_{max} - M_{min}$。其中 M_{max} 表示指示表的最大读数，M_{min} 表示指示表的最小读数 ④ 评定检测结果。如果计算得出的最大值 $f \leqslant 0.05mm$，则该零件的平行度符合要求；如果 $f > 0.05mm$，则该零件的平行度超差
线与面的平行度 // | 0.05 | A ϕD　0.05 A	L_2　L_1　指示表　心轴　被测件　平板	① 将被测零件直接放在平板上，被测轴线由心轴模拟。应选用可胀式心轴 ② 在测量距离为 L_2 的两个位置上测量心轴的素线，测得的读数为 M_1 和 M_2 ③ 平行度误差 f 为： $$f = | M_1 - M_2 | \frac{L_1}{L_2}$$ 式中：L_1 为被测轴线长度，L_2 为指示表两个测量位置间的距离 ④ 评定检测结果。如果计算得出的最大值 $f \leqslant 0.05mm$，则该零件的平行度符合要求；如果，$f > 0.05mm$ 则该零件的平行度超差
线与线的平行度 // | 0.1 | A ϕ A	L_2　L_1　被测件　心轴　指示表　心轴　V 形架　平板	① 将被测零件放在等高 V 形架上，基准轴线和被测轴线由两个心轴来模拟 ② 在测量距离为 L_2 的两个位置上测量心轴的上的素线，测得的读数为 M_1 和 M_2 ③ 该测量位置的平行度误差为 f： $$f = | M_1 - M_2 | \frac{L_1}{L_2}$$ 式中：L_1 为被测轴线长度，L_2 为指示表两个测量位置间的距离 ④ 在 $0° \sim 180°$ 范围内按上述方法测量若干各不同的位置，取各测量位置所对应的平行度误差值中最大值 f_{max}，作为该零件的平行度误差 ⑤ 评定检测结果。如果计算得出的最大值 $f_{max} \leqslant 0.1mm$，则该零件的平行度符合要求；如果 $f_{max} > 0.1mm$，则该零件的平行度超差

（续）

实　例	测量方法	测量说明
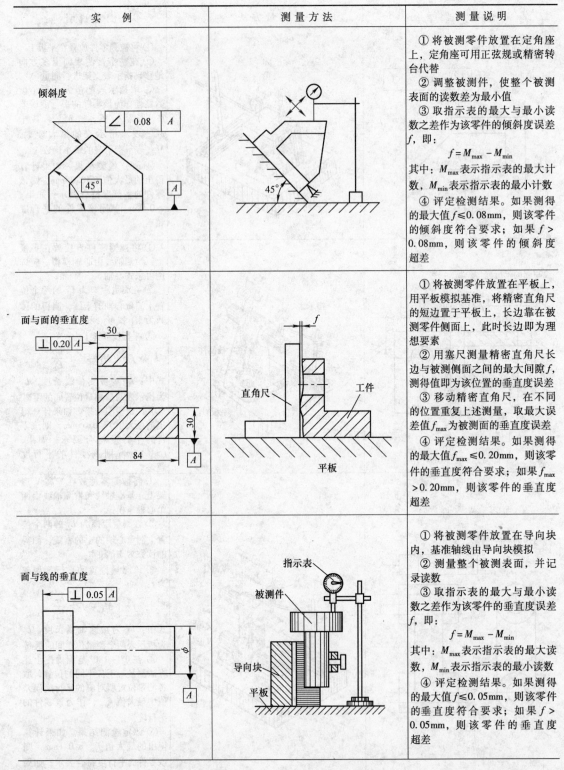		① 将被测零件放置在定角座上，定角座可用正弦规或精密转台代替 ② 调整被测件，使整个被测表面的读数差为最小值 ③ 取指示表的最大与最小读数之差作为该零件的倾斜度误差 f，即： $$f = M_{max} - M_{min}$$ 其中：M_{max} 表示指示表的最大计数，M_{min} 表示指示表的最小计数 ④ 评定检测结果。如果测得的最大值 $f \leqslant 0.08mm$，则该零件的倾斜度符合要求；如果 $f > 0.08mm$，则该零件的倾斜度超差
		① 将被测零件放置在平板上，用平板模拟基准，将精密直角尺的短边置于平板上，长边靠在被测零件侧面上，此时长边即为理想要素 ② 用塞尺测量精密直角尺长边与被测侧面之间的最大间隙 f，测得值即为该位置的垂直度误差 ③ 移动精密直角尺，在不同的位置重复上述测量，取最大误差值 f_{max} 为被测面的垂直度误差 ④ 评定检测结果。如果测得的最大值 $f_{max} \leqslant 0.20mm$，则该零件的垂直度符合要求；如果 $f_{max} > 0.20mm$，则该零件的垂直度超差
		① 将被测零件放置在导向块内，基准轴线由导向块模拟 ② 测量整个被测表面，并记录读数 ③ 取指示表的最大与最小读数之差作为该零件的垂直度误差 f，即： $$f = M_{max} - M_{min}$$ 其中：M_{max} 表示指示表的最大读数，M_{min} 表示指示表的最小读数 ④ 评定检测结果。如果测得的最大值 $f \leqslant 0.05mm$，则该零件的垂直度符合要求；如果 $f > 0.05mm$，则该零件的垂直度超差

（续）

实　例	测量方法	测量说明
线与面的垂直度 	被测件　指示表 直角座 转台	① 将被测零件放置在转台上，并使被测轮廓要素的轴线与转台对中（通常在被测轮廓要素的较低位置对中） ② 按需要，测量若干各轴向截面轮廓要素上的最大读数 M_{max} 与最小读数 M_{min} ③ 按下式计算出垂直度误差 f，即： $$f = (M_{max} - M_{min})/2$$ 其中：M_{max} 表示指示表的最大读数，M_{min} 表示指示表的最小读数 ④评定检测结果。如果测得的最大值 $f \leqslant 0.1\,mm$，则该零件的垂直度符合要求；如果 $f > 0.1\,mm$，则该零件的垂直度超差

课题 5　螺纹的测量

任务　测量螺纹

知识点：

掌握螺纹的测量方法。

技能点：

能够熟练使用量具对螺纹进行测量。

一、任务引入

对 M24×1.5 的螺纹进行三针测量，已知 $M = 24.325\,mm$，求需用的量针直径 d_m 及螺纹中径 d_2。

二、任务分析

螺纹在机电产品中应用十分广泛，它是一种最典型的具有互换性的连接结构。为了保证互换性，对螺纹的检测就十分重要。要测量就得有测量工具，已知被测量的螺纹是公称直径为 24mm、螺距为 1.5mm 的三角螺纹，牙型角是 60°。三根量针外侧线之间的跨距 M 是 24.325mm，通过学习三针测量法来选择量针直径 d_m 并经计算求得螺纹中径 d_2。

三、知识准备

螺纹的检测方法分为综合检验和单项检测两大类。

螺纹的综合检验是指用螺纹量规（图 10-75）来综合检验内、外螺纹的合格性。螺纹综合检验不能测出实际参数的具体数值，但检验效率高，适用于批量生产的中等精度的螺纹。

单项检测是指用量具或量仪测量螺纹各（或某个）参数的实际值。如用工具显微镜测量螺纹参数，用螺纹千分尺测量螺纹中径，用单针法或三针法测量螺纹中径等。三针法测量

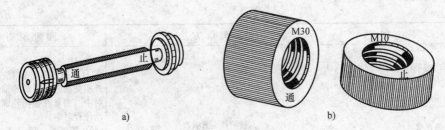

图 10-75 螺纹量规

a）塞规 b）环规

精度高，在生产中使用方便。

1. 用螺纹量规进行综合检验

（1）用螺纹量规检验外螺纹（图 10-76）

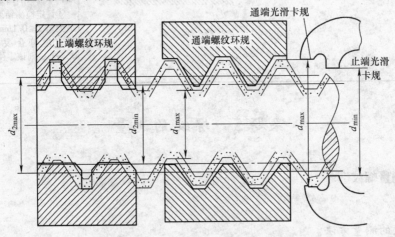

图 10-76 用螺纹量规进行综合检验

1）通端螺纹环规（T） 主要用来检验外螺纹作用中径（$d_{2作用}$），其次是控制外螺纹小径的最大极限尺寸（d_{1max}）。因此，通端螺纹环规应有完整的内螺纹牙型，其长度等于被检螺纹的旋合长度。合格的外螺纹都应被通端螺纹工作环规顺利地旋入，这样就保证了外螺纹的作用中径未超出最大实体牙型的中径，即 $d_{2作用} < d_{2max}$。同时，外螺纹的小径也不超出它的最大极限尺寸。

2）止端螺纹环规（Z） 只用于检验外螺纹单一中径一个参数。为了尽量减少螺距误差和牙型半角误差的影响，必须使它的中径部位与被检验的外螺纹接触，因此止端螺纹环规的牙型做成截短的不完整的牙型，并将止端螺纹环规的长度缩短到 2 ~ 3.5 牙。合格的外螺纹不应完全通过止规螺纹的工作环规，但仍允许旋合一部分。具体规定是：对于小于或等于3 个螺距的外螺纹，止端螺纹环规不得旋合通过；对于大于 3 个螺距的外螺纹，止端螺纹环规的旋合量不得超过 2 个螺距。没有完全通过止端螺纹环规的外螺纹，说明其单一中径没有超出最小实体牙型的中径，即 $d_{2单一} > d_{2min}$。

3）光滑极限卡规 它用来检验外螺纹的大径尺寸。通端光滑卡规应该通过被检验外螺纹的大径，这样可以保证外螺纹大径不超过它的最大极限尺寸；止端光滑卡规不应该通过被检验的外螺纹大径，这样就可以保证外螺纹大径不小于它的最小极限尺寸。

检验外螺纹的量规的使用规则见表 10-3。

表 10-3　检验外螺纹的量规的使用规则

量规名称	代　号	功　能	特　征	使用规则
通端螺纹环规	T	检查外螺纹作用中径和小径	完整的内螺纹牙型	应与工件外螺纹旋合通过
止端螺纹环规	Z	检查外螺纹单一中径	截短的内螺纹牙型	允许与工件螺纹两端旋合不超过 2 个螺距，对 3 个或少于 3 个螺距的工件，不得旋合通过
通端光滑卡规	T	检查外螺纹大径	内圆柱面或平行的两个平面	应通过外螺纹大径
止端光滑卡规	Z	检查外螺纹大径	内圆柱面或平行的两个平面	不应通过外螺纹大径

（2）用螺纹量规检验内螺纹（图 10-77）

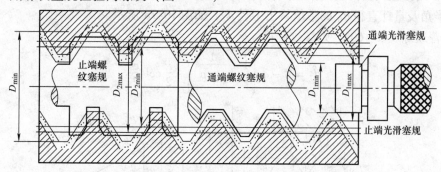

图 10-77　用螺纹量规检验内螺纹

1）通端螺纹塞规（T）　主要用来检验内螺纹的作用中径（$d_{2作用}$），其次是控制内螺纹大径的最小极限尺（d_{min}）。因此通端螺纹塞规应有完整的牙型，其长度等于被检螺纹的旋合长度。合格的内螺纹都应被通端螺纹塞规顺利地旋入，这样就保证了内螺纹的作用中径未超出最大实体牙型的中径，即 $d_{2作用} > d_{2min}$。同时内螺纹的大径不小于它们的最小极限尺寸，即 $d > d_{min}$。

2）止端螺纹塞规（Z）　只用于检验内螺纹的单一中径。为了尽量减少螺距误差和牙型半角误差的影响，止端螺纹工作塞规缩短到 2 ~ 3.5 牙，并做成截短的不完整的牙型。合格的内螺纹不完全通过止端螺纹塞规，但仍允许旋合一部分，即对于小于或等于 3 个螺距的内螺纹，止端螺纹塞规不得旋合通过；对于大于 3 个螺距的内螺纹从两端旋合不得多于 2 个螺距。没有完全通过止端螺纹塞规的内螺纹说明它的单一中径没有超过最小实体牙型的中径，即：$d_{2单一} < d_{2max}$。

3）光滑极限塞规　它是用来检验内螺纹小径尺寸的。通端光滑塞规应通过被检内螺纹小径，这样保证内螺纹小径不小于它的最小极限尺寸；止端光滑塞规不应通过被检内螺纹小径，这样就可以保证内螺纹小径不超过它的最大极限尺寸。

检验内螺纹的量规的使用规则，见表 10-4。

表 10-4   检验内螺纹的量规的使用规则

量 规 名 称	代 号	功 能	特 征	使 用 规 则
通端螺纹塞规	T	检查内螺纹作用中径和大径	完整的外螺纹牙型	应与工件内螺纹旋合通过
止端螺纹塞规	Z	检查内螺纹单一中径	截短的外螺纹牙型	允许与工件螺纹两端旋合不超过2个螺距,对3个或少于3个螺距的工件,不得旋合通过
通端光滑塞规	T	检查内螺纹小径	外圆柱面	应通过内螺纹小径
止端光滑塞规	Z	检查内螺纹小径	外圆柱面	可进入内螺纹小径两端,但进入量不应超过一个螺距

2. 用三针法测量外螺纹的中径

用三针量法测量螺纹中径是将三根直径相同的量针,如图 10-78 所示那样放在螺纹牙型沟槽中间,用接触式量仪或测微量具测出三根量针外素线之间的跨距 M,根据已知的螺距 P、牙型半角及量针直径 d_0 的数值算出中径 d_2,如图 10-78 所示。

对于普通螺纹 $\alpha = 60°$,则螺纹中径

$$d_2 = M - d_0 \left(1 + \frac{1}{\sin \frac{\alpha}{2}} \right) + \frac{P}{2} \cot \frac{\alpha}{2}$$

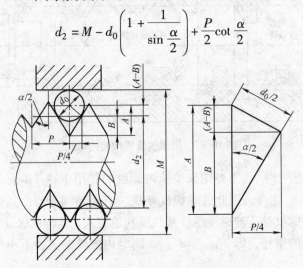

图 10-78   用三针法测量外螺纹中径

用三针量法的测量精度,除所选量仪的示值误差和量针本身的误差外,还与被检螺纹的螺距误差和牙型半角误差有关。为了消除牙型半角误差对测量结果的影响,应选最佳量针直径 $d_{0最佳}$,使它与螺纹牙型侧面的接触点恰好在中径线上,如图 10-79 所示。

$$d_{0最佳} = \frac{P}{2\cos \left(\alpha/2 \right)}$$

为了适应各种类型的螺纹,对量针的直径进行合并以减少规格,当量针直径偏离最佳量针直径很小时,不会对中径

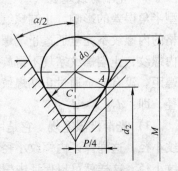

图 10-79   最佳直径的量针

检测产生大的影响。经标准化了的量针直径见表 10-5。

用三针量法的测量精度比目前常用的其他方法的测量精度要高，且在生产条件下，应用也较方便。

表 10-5　螺距与量针直径的选择　　　　　　　　　　　　（单位：mm）

螺距	0.2	0.25	0.3 0.35	0.4 0.45	0.5	0.6	0.7 0.75 0.8	1	1.25	1.5
量针直径	0.118	0.142	0.185	0.250	0.291	0.343	0.433	0.572	0.724	0.866
螺距	1.75	2.0	2.5	3.0	3.5	4.0	4.5	5.0	5.5	6.0
量针直径	1.008	1.157	1.441	1.732	2.050	2.311	2.595	2.886	3.177	3.550

四、任务实施

解：$\because \alpha = 60°$代入 $d_0 = 0.577t$ 中　得 $d_0 = 0.577 \times 1.5 = 0.8655$（mm）

$\therefore d_2 = 24.325 - 0.8655（1 + 1/0.5）+ 1.5 \times 1.732/0.5 = 23.0275$（mm）

另外量针的直径还可以查表 10-5 得出，$d_0 = 0.866$mm，可见其结果相差非常小。

【能力训练】

1. 测量的基本概念和四要素是什么？

2. 常用的测量器具有哪些种类？如何使用？

3. 如何测量内外径？

4. 如何测量长度、深度、宽度？

5. 几何误差项目的测量方法有哪些？

6. 螺纹测量方法有几种？

模块 11　装　配　图

课题 1　装配图概述

任务　识读滑动轴承装配图的主要组成部分

知识点：
装配图的概念、内容和作用。

技能点：
准确读出装配图的主要组成部分。

一、任务引入
滑动轴承立体图如图 11-1 所示，其装配图如图 11-2 所示。

二、任务分析
我们已经学习了零件图的内容组成，装配图的内容基本与零件图的内容基本相同。图 11-2 所示滑动轴承装配图中也有标题栏、一组视图、尺寸、技术要求，与零件图相比还多了零件编号和明细栏。装配图是设计和拆画零件图的主要依据，也是装配生产中设备调试、维修、使用和进行技术交流的工具。识读装配图的目的是弄清装配图所表达机器或部件的性能、工作原理、装配关系、传动路线和各零件的主要结构、作用及拆装顺序等。

图 11-1　滑动轴承的立体图

三、知识准备

1. 装配图的作用
装配图能表示产品及其组成部分的连接、装配关系，所以装配图就具有以下的作用。

1）进行机器或部件设计时，首先要根据设计要求画出装配图，用于表达机器或部件的结构和工作原理。

2）在生产过程中，要根据装配图将零件组装成完整的部件或机器。

3）使用者通过装配图了解机器或部件的性能、工作原理、使用和维修的方法。

4）装配图反映设计者的技术思想，因此是进行技术交流的重要文件。

2. 装配图的基本内容
装配图的内容一般包括以下四个方面。

（1）一组视图　用一组视图（包括基本视图、向视图、局部视图、斜视图、剖视图、断面图、其他表达方法等）表达装配体（机器或部件）的工作原理、结构特点、零件之间的相对位置、装配关系、连接方式和主要零件的结构形状等。

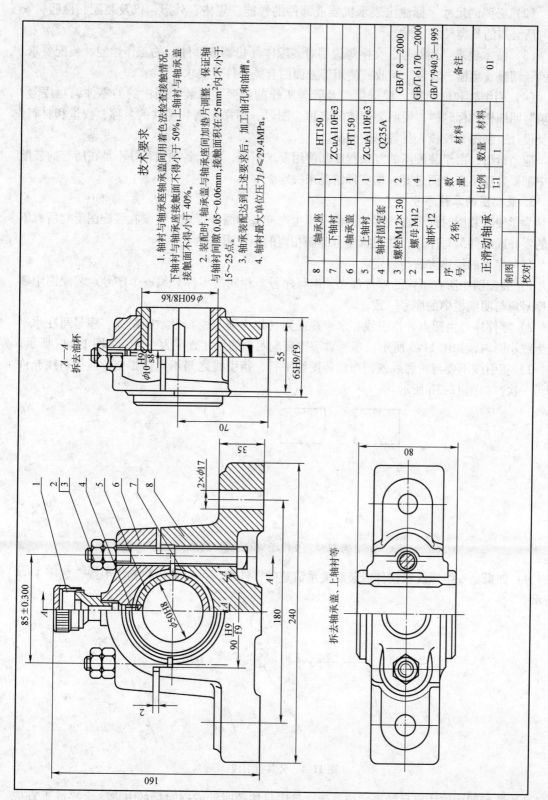

图 11-2 滑动轴承的装配图

技术要求

1. 轴衬与轴承座轴承盖同用着色法检查接触情况。下轴衬与轴承座接触面不得小于 50%，上轴衬与轴承盖接触面不得小于 40%。

2. 装配时，轴承盖与轴承座间加调整片调整，保证轴与轴衬间隙 0.05～0.06mm，接触面积在 25mm² 内不小于 15～25点。

3. 轴承装配达到上述要求后，加工油孔和油槽。

4. 轴衬最大单位压力 $p \leqslant 29.4$MPa。

8	轴承座	1	HT150	
7	下轴衬	1	ZCuAl10Fe3	
6	轴承盖	1	HT150	
5	上轴衬	1	ZCuAl10Fe3	
4	轴衬固定套	1	Q235A	
3	螺栓 M12×130	2		GB/T 8—2000
2	螺母 M12	4		GB/T 6170—2000
1	油杯 12	1		GB/T 7940.3—1995
序号	名称	数量	材料	备注
正滑动轴承		比例		01
		1:1	材料	
制图				
校对				

（2）必要的尺寸 标注出表示机器或部件的性能、规格、外形，以及装配、检验、安装时所必需的几类尺寸。

（3）技术要求 用符号、文字等说明对装配体（机器或部件）的工作性能、装配要求、试验、调整、运输、安装、验收或使用等方面的有关条件或要求。

（4）明细栏和标题栏 根据生产及管理工作的需要，对装配图中的的零件编写序号，并填写明细栏和标题栏，说明装配体的名称、图号、图样比例和零件的名称、数量和材料，以及设计、制图、校核人员等一般概况。

应当指出，由于装配图的复杂程度和使用要求不同，以上各项内容并不是在所有的装配图中都要表现出来，而是要根据实际情况来决定。

3. 装配图的零件序号

为了便于装配时读图查找零件，便于作生产准备和图样管理，需要在装配图上对所有不同的零件或组件编写序号，并根据序号编制相应的零件明细栏。

（1）序号的编排方法与规定

1）装配图中所有不同的零件都必须编写序号。相同的零件只编一个序号。装配图中零件序号应与明细栏中的序号一致。

2）零件序号由圆点、指引线、水平线或圆（均为细实线）及数字组成，序号写在水平线上或小圆内，如图 11-3 所示。序号数字比装配图中的尺寸数字大一号，如图 11-3a 所示。

3）指引线不要与轮廓线或剖面线等图线平行，指引线之间不允许相交，但指引线允许弯折一次。如图 11-3b 所示。

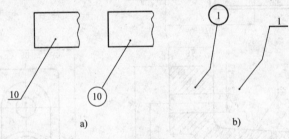

a) b)

图 11-3 零件序号的写法

4）如果是一组螺纹联接件或装配关系清楚的零件组，可以采用公共指引线，如图 11-4 所示。

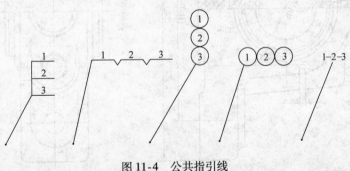

图 11-4 公共指引线

5）装配图中编注序号的形式应一致，且序号按顺时针或逆时针的方向，水平或垂直依次排列整齐，不得跳号，如图 11-5 所示。

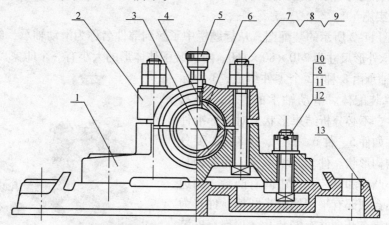

图 11-5 装配图中序号编注形式

6）图中的标准件可以与非标准件同样地编写序号，也可以不编写序号，而将标准件的数量与规格直接注写在指引线的水平线上。

4. 明细栏和标题栏

1）图框的右下角必须设置标题栏和明细栏。明细栏位于标题栏的上方，并和标题栏紧连在一起。如地方不够，也可以将一部分画在标题栏的左边。

2）明细栏中序号应与零件序号一致，应自下而上按顺序填写，以便增加零件时继续向上添补。其最上面边框用细实线绘制，如位置不够，明细栏也可分段移至标题左边。

3）明细栏外框用粗实线绘制，内格用细实线绘制。

4）实际生产中，还可将明细栏单独绘制在另一张图纸上，称为明细表。

5）如图 11-6 为装配图和明细栏的基本内容和格式，可供制图作业中使用。

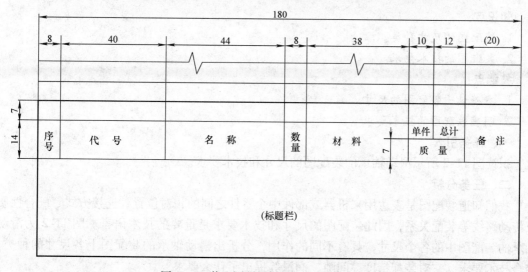

图 11-6 装配图明细栏的基本内容和格式

6）明细栏中的"代号"填写各零件图上标题栏中的图样代号或标准编号，在填写标准件时，如"螺栓 GB/T 5782 M12×80"可将"GB/T 5782—2000"填入代号栏，"螺栓 M12

×80"填入名称栏。明细栏上其他项目的填写按 GB 10609.2—2009 规定。

四、任务实施

1）识读图11-2 所示的装配图，从标题栏中了解到部件名称为滑动轴承，绘图的比例为
1：1，滑动轴承外形尺寸为 240×80×160，对该装配体体形的大小有一个印象。

2）滑动轴承由 8 种 12 个零件组成，3 种标
准件，属简单装配体。滑动轴承的件1、件2、
件3 为标准件，不必分析结果形状。对非标准件
中的主要零件如件5、件6、件7、件8 等，要分
析并想象其结构形状。件8 为轴承座，底部为长
方体两边有小凸台和安装孔，中间有凸台，两边
有装配孔，凸台顶部有平凹槽盒半圆槽。件6 为
轴承盖，两边带有凸台并有安装孔，顶部有安装
孔和螺孔。件5、件7 是上、下轴衬，形为带有
外凹槽的半圆环。

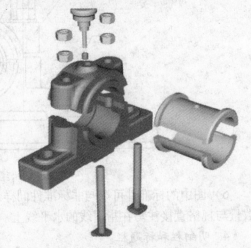

3）滑动轴承的工作原理为：滑动轴承起支
撑轴的作用，轴在轴承中能转动。为了便于安装
轴，滑动轴承做成如图 11-7 所示的分体结构。
工作时，润滑油通过油杯注入轴衬内起润滑作用。

图 11-7　滑动轴承分解图

课题 2　装配图的尺寸标注和技术要求

任务　识读滑动轴承的装配尺寸和技术要求

知识点：

1. 装配图的尺寸种类。

2. 装配图的技术要求。

技能点：

1. 准确读出装配图的尺寸。

2. 明确装配图的技术要求。

一、任务引入

识读图 11-2 所示滑动轴承的装配图的尺寸和技术要求。

二、任务分析

我们知道装配图是表达用来机器或部件中个零件之间的相对位置、连接方式、配合性质
及传动路线等装配关系，因此装配图的尺寸和技术要求是重要的技术语言。图 11-2 为滑动
轴承的装配图中的各个尺寸，具有不同的作用，分析出滑动轴承的装配图上各尺寸的种类，
结合技术要求，它对装配精度、间隙、润滑等提出了什么要求？

三、知识准备

1. 装配图的尺寸

装配图不是制造零件的依据，所以在装配图中不需要注出每个零件的全部尺寸，而只要

注出一些必要的尺寸即可。这些尺寸按其作用不同可分为以下几类。

（1）性能（规格）尺寸　这类尺寸表明机器（或部件）的性能（规格）大小和特征的尺寸。它在设计时就已经确定，是设计和选用零件（或部件）的依据，如图 11-2 所示的公称直径 $\phi50$ 即为滑动轴承的性能（规格）尺寸。

（2）装配尺寸　这类尺寸表示机器（或部件）各零件之间装配关系的尺寸，通常有以下两种。

1）配合尺寸　零件间有公差配合要求的尺寸，如图 11-2 所示的 $\phi10H9/s8$、$90H9/f9$ 和 $\phi60H8/k6$ 等。

2）相对位置尺寸　表示零件间比较重要的相对位置尺寸和装配时需要加工的尺寸。

（3）安装尺寸　安装尺寸是部件安装在机器上，或机器安装在地基上进行连接固定所需要的尺寸。如图 11-2 中的 180、70。

（4）外形尺寸　机器（或部件）的外形轮廓尺寸，反映了机器（或部件）的总长、总宽、总高，这是机器（或部件）在包装、运输、安装、厂房设计时所需的依据。如图 11-2 中的外形尺寸为：总长 240、总宽 80、总高 160。

（5）其他重要尺寸　在设计过程中经计算确定的重要尺寸。如齿轮的中心距；运动零件的极限尺寸（为了保证运动零件有足够运动空间的尺寸，安装零件要有足够操作空间的尺寸等）；主体零件的重要尺寸，如图 11-2 中的 55 和 80 等。

上述五类尺寸之间并不是孤立无关的，实际上有的尺寸往往同时具有多种尺寸的特点，要根据情况具体分析。

2. 装配图的技术要求

装配图的技术要求是指装配时的调整及加工说明，试验和检验的有关材料，技术性能指标和维护、保养，使用注意事项等。

由于不同性能的装配体，其技术要求也不同。拟订技术要求时，一般可从以下几个方面来考虑。装配要求指装配体在装配过程中需要注意的事项及装配后所必须达到的要求，如精确度、装配间隙、润滑要求等。

1）检验要求。指装配体基本性能的检验、试验及操作时的要求。

2）使用要求。指装配体的规格、参数及维护、保养、使用时的注意事项及要求。

装配图上的技术要求应根据装配体的具体情况而定，并将其用文字注写在明细栏的上方或图样下方的空白处。

四、任务实施

识读图 11-2 所示的滑动轴承装配图的尺寸和技术要求。

尺寸：滑动轴承主视图中的轴孔直径 $\phi50H8$ 为规格尺寸；主视图中的 $90H9/f9$、左视图中的 $\phi10H9/s8$、$65H9/f9$ 和 $\phi60H8/k6$ 为配合尺寸；主视图中的 85 ± 0.330、轴承盖与轴承座之间的间隙尺寸 2 和左视图中的 70 为相对位置尺寸；主视图中的 $2\times\phi17$ 和 180 为安装尺寸；主视图中的 160、240 和俯视图中的 80 为外形尺寸。

技术要求：滑动轴承装配图的技术要求第一项为检验要求；第二项为装配要求；第三项为加工要求；第四项为其他方面（承受载荷）的要求。

课题3 装配图的表达方法

任务 确定滑动轴承装配图的表达方法

知识点：

1. 装配图的规定画法。

2. 特殊表达方法。

技能点：

选择装配图的表达方法。

一、任务引入

确定如图11-2所示的滑动轴承装配图的表达方法。

二、任务分析

装配图表达的主要内容是机器或部件的工作原理及零件之间的装配关系，图11-2包含三个视图，其中俯视图和A—A剖视图在画法上与零件图的画法有所不同，不同处在什么地方、怎么表示？通过学习装配图的规定画法和特殊画法，弄懂滑动轴承的装配顺序和视图的表示方法。

三、装配图知识准备

零件图上的各种表达方法，如视图、剖视图、断面等，在装配图中同样适用。但由于装配图和零件图所需要表达的重点不同，因此装配图另外有一些规定画法和特殊画法。

1. 装配图的规定画法

（1）接触面和配合面的画法 相邻两零件的接触表面或有配合关系的工作表面，其分界处规定只画一条线，如图11-8所示。两零件的非接触表面或非配合表面，即使间隙很小，也必须画出两条线，如图11-9所示。

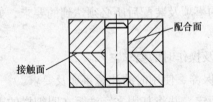

图11-8 接触面和配合面的画法

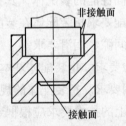

图11-9 非接触面的画法

（2）剖面符号的画法 在装配图中，同一个零件在所有的剖视、断面图中，其剖面线应保持同一方向，且间隔一致。相邻两零件的剖面线则必须不同。即：使其方向相反，或方向相同但间隔不同，如图11-10所示的相邻零件机座、滚动轴承和端盖的剖面线画法。当零件的断面厚度在图中等于或小于2mm时，允许将剖面涂黑以代替剖面线，如图11-10中垫片的画法。

（3）实心件和某些标准件的画法 在装配图的剖视图中，若剖切平面通过实心零件（如轴、杆等）和标准件（如螺栓、螺母、销、键等）的对称平面或基本轴线时，这些零件按不剖绘制，如图11-10中的轴、螺钉、螺母、键和垫圈等画法。但必须注意，当剖切平面垂直于这些零件的轴线剖切时，则需画出剖面线。

2. 装配图的特殊画法

（1）拆卸画法　在装配图的某个视图上，为了表示某些零件被掩盖的内部结构或其他零件的形状，可假想拆去一个或几个零件后绘制该视图，为了避免读图时产生误解，可对拆卸画法加以说明，在图上加注"拆去零件××"等。如图 11-11 所示滑动轴承装配图中的俯视图，其右边可采用拆卸画法，即拆去轴承盖等零、部件，以表达该部件的内部形状。

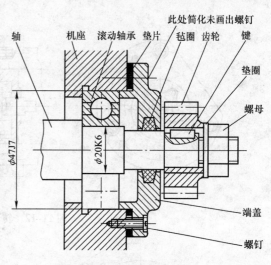

图 11-10　垫片的画法

（2）沿结合面剖切画法　在装配图中，为了表示内部结构，可假想沿着某些零件的结合面剖开。图 11-12 所示是转子油泵的装配图，其中右视图"A—A"即是沿结合面剖切而得的剖视图。这种画法，零件的结合处不画剖面线；但剖切到的其他零件，如"A—A"右视图中的螺钉等部件仍需要画出剖面线。

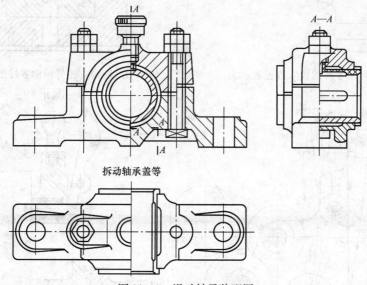

图 11-11　滑动轴承装配图

（3）单独表示某个零件　在装配图中，当某个零件的形状未表达清楚，该结构又对理解装配关系有影响时，可单独画出该零件的某个视图。如图 11-12 转子油泵中的泵盖，采用 B 向视图单独表示其形状。此时，一般应在视图的上方标注零件名称及视图名称。

（4）假想画法　对于机器或部件中的运动零件，当需要表明其运动极限位置时，可以在一个极限位置上画出该零件，而在另一个极限位置用细双点画线来表示。如图 11-13 所示的车床尾座上的手柄的运动极限位置的画法。

为了表明本部件与其他相邻部件或零件的装配关系，但不属于本装配体的零件或部件，可用双点画线画出该件的轮廓线。如图 11-14 中的工件和图 11-15 中的主轴箱的大致轮廓即用细双点画线绘制。

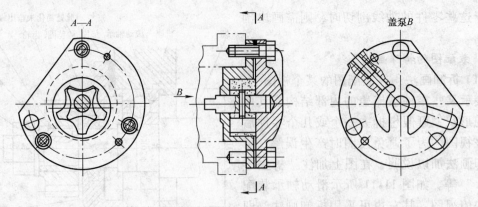

图 11-12　转子油泵装配图

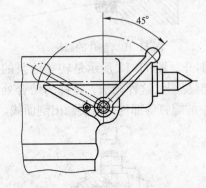

图 11-13　可动零件的极限位置表示法

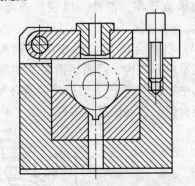

图 11-14　相邻辅助零件的表示法

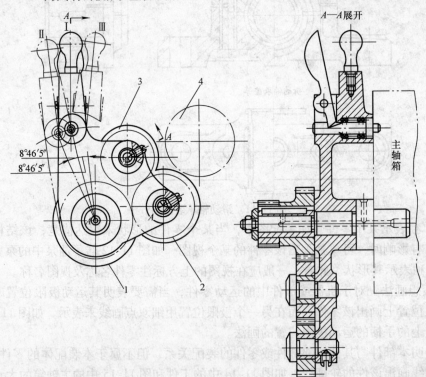

图 11-15　展开画法

（5）夸大画法　装配图中的一些薄片零件、细丝弹簧和微小间隙等，若按其实际尺寸很难画出，或难以明确表示时，可不按其实际尺寸作图，而适当地夸大画出，如图 11-10 中的垫片，即采用了夸大的画法。

（6）展开画法　在装配图中，当许多轴的轴线不在同一平面上时，为表达各轴上零件的装配关系及他们之间的传动路线，可假想按传动顺序沿各轴线剖切，再依次展开在同一平面上画出其剖视图，并在该视图上方标注"×—×展开"，如图 11-15 所示。

（7）简化画法　装配图中若干相同的零件组如螺栓、螺钉联接等，可以仅详细地画出一处或几处，其余只需用细点画线表示其位置，如图 11-10 和图 11-16 所示。

在装配图中，零件上的某些工艺结构，如小圆角、倒角、退刀槽和砂轮越程槽等可以省略不画，螺栓头部、螺母、滚动轴承均可采用简化画法，如图 11-10 所示。

在装配图中，可用粗实线表示带传动中的带；用细点画线表示链传动中的链，如图 11-16所示。

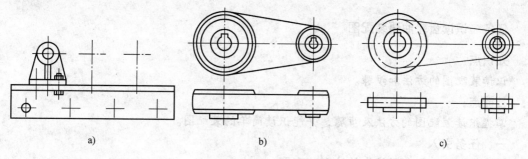

图 11-16　简化画法

四、任务实施

1）通过分析得出图 11-17 所示的滑动轴承装配示意图，其装配顺序是：件 1（轴承座）→件 8（下轴衬）→件 3（螺栓）→件 7（上轴衬）→件 2（轴承盖）→件 5（轴瓦固定套）→件 6（油杯）→件 4（4 个螺母）。

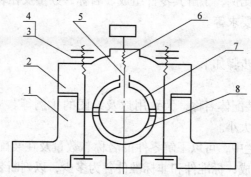

图 11-17　滑动轴承装配示意图

1—轴承座　2—轴承盖　3—螺栓　4—螺母　5—轴瓦固定套　6—油杯　7—上轴衬　8—下轴衬

装配关系是：

① 轴承座与轴承盖：轴承座上的凹槽与轴承盖下的凸起配合定位。

② 轴衬与轴承座孔：轴向是轴衬两端凸缘定位；径向是轴衬外表面配合及销套定位。

2）联接固定关系是：轴承座与轴承盖用螺柱、螺母、垫圈联接固定；轴承座底板两边的通孔用于安装滑动轴承，轴承盖顶部的螺孔用来装油杯注油润滑轴承，以减少轴和孔之间的磨擦与磨损。

3）视图的选择是：滑动轴承采用三个基本视图。主视图采用半剖视，表达上、下轴衬的装配关系；选择原则是符合部件的工作状态，能较清楚地表达部件的工作原理、主要的装配关系或其结构特征；半剖视的主视图，通过螺柱轴线剖切，既表达了轴承盖、轴承座和轴衬的定位及联接固定关系，也反映了滑动轴承的功用和结构特征。俯视图采用拆卸画法（图 11-11），补充表达外形特征，并便于尺寸标注；左视图采用半剖视图，既表达了轴衬和轴承孔的装配关系，又反映了轴在孔中转动的工作状况。

课题 4 识读装配图的方法和步骤

任务 识读齿轮油泵装配图

知识点：
识读装配图的方法和步骤。

技能点：
掌握识读装配图的方法及步骤，并能识读简单的装配图。

一、任务引入
识读如图 11-18 所示的齿轮油泵装配图。

二、任务分析
图 11-18 齿轮油泵的装配图的主要内容是表示齿轮油泵的工作原理及零件之间的装配关系，是由标题栏、明细栏、2 个视图、各种尺寸、技术要求等组成的，它们是识读装配图的主要内容，也是确定其表达方案，绘制装配图的主要依据。要通过学习识读装配图的方法，识读出齿轮油泵装配图的比例，了解其零件组成、名称、数量及在装配体中的装配关系、结构开状、分析尺寸、技术要求等。

三、知识准备
识读装配图的方法与步骤如下。

（1）概括了解

1）通过标题栏了解装配体名称，大致用途及绘图的比例等。从标题栏了解绘图比例，查外形尺寸可明确装配体大小。

2）零件编号及明细栏中，可以了解零件的名称、数量及在装配体中的位置。从明细栏了解装配体由哪些零件组成，标准件和非标准件各为多少，以判断装配体复杂程度。

（2）分析工作原理 一般情况下，直接从图样上分析装配体的工作原理，当部件比较复杂时，需查看产品说明书和有关资料了解和分析工作原理，如装配体为传动机构，还可以从传动关系入手，在读懂零件结构和装配关系的基础上，再进一步了解和分析工作原理。

（3）分析视图关系 了解各视图、剖视图、断面图等相互间的投影关系及表达意图。了解视图数量、视图的配置，找出主视图，确定其他视图投射方向，明确各视图的画法及表达意图，为分析装配关系和零件的结构形状打好基础。

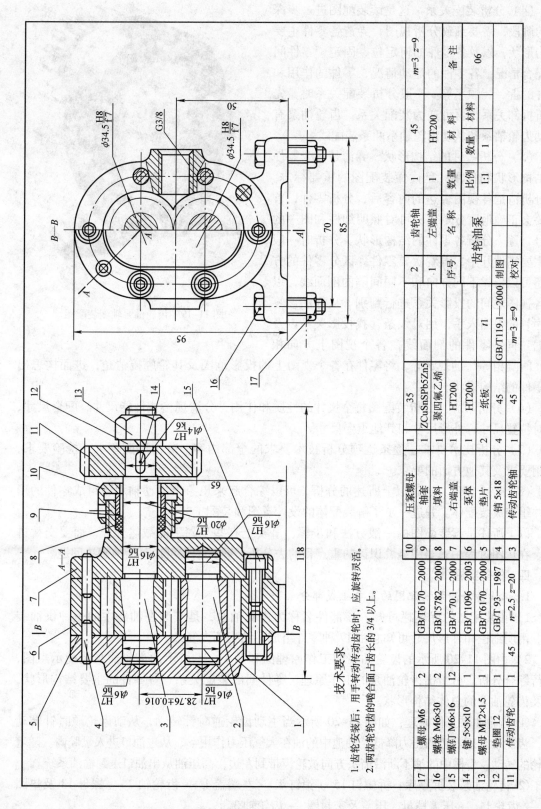

技术要求

1. 齿轮安装后，用手转动传动齿轮时，应旋转灵活。
2. 两齿轮轮齿的啮合面占齿长的 3/4 以上。

图 11-18 齿轮油泵装配图

17	螺母 M6	2	GB/T6170—2000		10	压紧螺母	1	35	ZCuSnSPb5Zn5		2	齿轮轴	1	45		$m=3$ $z=9$
16	螺栓 M6×30	2	GB/T5782—2000		9	轴套	1				1	左端盖	1	HT200		备 注
15	螺钉 M6×16	12	GB/T 70.1—2000		8	填料	1	聚四氟乙烯			序号	名 称	数量	材 料		
14	键 5×5×10	1	GB/T1096—2003		7	右端盖	1	HT200					数量	材料		
13	螺母 M12×1.5	1	GB/T6170—2000		6	泵体	1	HT200				齿轮油泵	比例	1:1		06
12	垫圈 12	1	GB/T 93—1987		5	垫片	2	纸板								
11	传动齿轮	1	$m=2.5$ $z=20$	45	4	销 5×18	4	45			制图			GB/T119.1—2000	$t1$	
					3	传动齿轮轴	1	45			校对			$m=3$ $z=9$		

（4）**分析装配关系**　这是读装配图进一步深入的阶段，需要细致分析视图，弄清各零件主要结构形状，以及各零件如何定位、固定，零件间的配合情况，各零件的运动情况，零件的作用和零件的拆、装顺序等。一般分析装配关系时，先分析拆卸关系，再可逆为装配关系。齿轮油泵有主动齿轮轴系和从动齿轮轴系两条装配线。

（5）**分析零件的结构形状**　弄清楚每个零件的结构形状和作用，是读懂装配图的重要标志。在分析清楚各视图表达的内容后，分析零件，首先要会正确地区分零件。可对照明细栏和图中的序号，逐一分析各零件的结构形状。分析时一般从主要零件开始，再看次要零件。区分零件的方法还可以依靠不同方向和不同间隔的剖面线，以及各视图之间的投影关系进行判别。从标注该零件序号的视图入手，用对线条、找投影关系以及根据"同一零件的剖面线在各个视图上方向相

图 11-19　齿轮油泵轴测装配图

同、间隔相等"的规定等，将零件在各个视图上的投影范围及其轮廓搞清楚，进而构思出该零件的结构形状。

（6）**分析尺寸**　分析装配图每个尺寸的性质和作用，分清规格或性能尺寸、配合尺寸、相对位置尺寸、外形尺寸和其他重要尺寸。

（7）**分析技术要求**　逐条逐项分析技术要求的全部内容，分清装配要求、检验要求、使用要求及其他方面的要求。

（8）**综合归纳**　通过以上所述的分析，可以综合起来想象出滑动轴承各组成零件的形状并组装成装配体。并进一步了解装配体的设计意图和装配工艺。

以上所述是读装配图的一般方法和步骤，事实上有些步骤不能截然分开，而要交替进行。在读图过程中只要围绕着识读的重点目的去分析、研究，就可以灵活地解决问题。

四、任务实施

1. 识读齿轮油泵装配图的主要组成部分

1）由装配图的标题栏可知，该部件名称为齿轮油泵，是安装在油路中的一种供油装置。由明细栏和外形尺寸可知它由 17 种零件组成，结构不太复杂。

2）由图 11-20 所示的齿轮油泵的工作原理图和图 11-21 所示的齿轮油泵装配示意图，进行综合分析。分析出齿轮油泵的工作原理、零件间的装配关系、各零件的主要结构形状，以及齿轮油泵的总体结构形状。

① 齿轮油泵工作原理：如图 11-20 所示当主动齿轮逆时针转动，从动齿轮顺时针转动时，齿轮啮合区右边的压力降低，油池中的油在大气压力作用下，从进油口进入泵腔内。随着齿轮的转动，齿槽中的油不断沿箭头方向被轮齿带到左边，高压油从出油口送到输油系统。

② 齿轮油泵装拆顺序：拆螺钉 15、销钉 4 → 左端盖 1 → 齿轮轴 2 → 螺母 13 及垫圈 12 → 齿轮 11 → 压盖螺母、压盖及密封圈 → 齿轮轴 3。

③ 配合关系：孔轴配合尺寸为 $\phi16H7/f6$ 属基孔制，间隙配合，说明轴在左、右端盖的轴孔内是转动的。齿轮的齿顶和泵体空腔的内间壁配合尺寸 $\phi34.5H8/f7$，基孔制，间隙配合。

④ 连接和固定方式：左、右端盖与泵体用螺钉联接，用销钉准确定位。齿轮轴的轴向定位靠齿轮端面与及左、右端盖内侧面接触而定位。齿轮 11 在轴上的定位用螺母和键在轴向和径向固定、定位。

⑤ 密封装置：为了防止漏油及灰尘、水分进入泵体内影响齿轮传动，在主动齿轮轴的伸出端设有密封装置，靠压盖螺母和压盖将密封圈压紧密封。左、右端盖与泵体之间有垫片 5 密封。垫片的另一个作用是调整齿轮的轴向间隙。

2. 分离零件

先在装配图上找到右端盖 7 的序号和指引线，再顺着指引线找到右端盖 7，并利用"高平齐"的投影关系找到该零件在左视图上的投影关系，确定零件在装配图中的轮廓范围和基本形状。

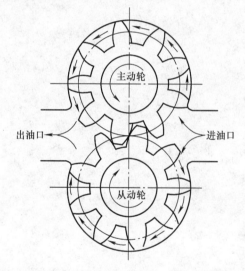

图 11-20　齿轮油泵的工作原理示意图

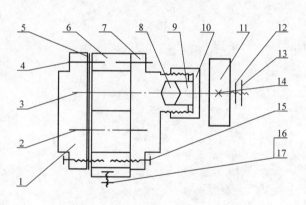

图 11-21　齿轮油泵装配示意图

1—左端盖　2—齿轮轴　3—传动齿轮轴　4—销　5—垫片
6—泵体　7—右端盖　8—填料　9—轴套　10—压紧螺母
11—传动齿轮　12—垫圈　13—螺母　14—键
15—螺钉　16—螺栓　17—螺母

3. 确定视图表达方案

通过分析装配图的视图和齿轮油泵的工作原理可以看出，装配图的主视图采用 $A—A$ 剖切，清楚表达出件 7（右端盖）的结构特征。右端盖的主要结构是两个孔，其次是装配所需要的螺孔和定位所需的销孔，以及与件 10（压紧螺母）装配的外螺纹部分。采用装配图中的位置（工作位置）和剖切方法，作为右端盖零件图的主视图位置和剖切方法，可以表达出它的主要结构形状。因为右端盖 7 属于轮盘类零件，一般需要用两个视图表达内外结构形状。因此，当右端盖 7 的主视图确定后，还需要用左视图辅助完成主视图尚未表达清楚的外形、定位销孔和六个阶梯孔的位置等。

【能 力 训 练】

1. 装配图在技术工作中有哪些作用？
2. 装配图包括哪些内容？与零件图有什么明显的区别？
3. 装配图有哪些规定画法？
4. 装配图有哪些特殊表达方法？
5. 装配图一般应标注哪几类尺寸？
6. 简述识读装配图的步骤。

参 考 文 献

[1] 梁东晓. 机械制图 [M]. 北京：中国劳动社会保障出版社，2006.

[2] 梁东晓. 机械识图入门 [M]. 北京：中国劳动社会保障出版社，2006.

[3] 张潮. 机械制图 [M]. 北京：机械工业出版社，2009.

[4] 梁东晓. 机械制图 [M]. 2 版. 北京：中国劳动社会保障出版社，2011.

[5] 杨君伟. 机械识图 [M]. 北京：机械工业出版社，2012.